张海君◎编

如何帮孩子找到价值感

黑龙江美术出版社

图书在版编目（CIP）数据

如何帮孩子找到价值感 / 张海君编著 . -- 哈尔滨：
黑龙江美术出版社 , 2024. 10. -- ISBN 978-7-5755
-0727-1

Ⅰ . B844.1-49

中国国家版本馆 CIP 数据核字第 2024DC9980 号

书　　名：如何帮孩子找到价值感
RUHE BANG HAIZI ZHAODAO JIAZHIGAN

出 版 人：乔　靓
编　　著：张海君
责任编辑：李　旭
装帧设计：黄　辉
出版发行：黑龙江美术出版社
地　　址：哈尔滨市道里区安定街 225 号
邮政编码：150016
发行电话：（0451）84270514
经　　销：全国新华书店
制　　版：姚天麒
印　　刷：三河市兴博印务有限公司
开　　本：710mm × 1000mm　1/16
印　　张：8
字　　数：124 千字
版　　次：2024 年 12 月第 1 版
印　　次：2024 年 12 月第 1 次印刷
书　　号：ISBN 978-7-5755-0727-1
定　　价：59.00

注：如有印、装质量问题，请与出版社联系。

前　言

　　价值感，如同内心世界隐藏的宝藏，有时明晃晃地折射着诱人的光芒，有时却似覆盖着千重迷雾般难以捉摸。对于孩子来说，无论是在学校、家庭还是社会中，建立并认同自己的价值感，永远是所有追求中最为深刻和持久的目标。

　　儿童和青少年一直都在与自己、他人、学校、家庭和社会互动，不断寻求自我价值的实现。如同夜空中闪烁的星星，每个孩子都有着自己的光芒，只是需要学习如何找到并点亮它。

　　自我价值感，在于对自身的认知和接纳，关乎到孩子对生活的态度和人生观的塑造，对影响孩子一生的健全人格的形成具有重要意义。

　　首先，在人际关系方面，建立良好的交往模式对孩子们认识自我价值至关重要。在与同龄人的互动中，孩子会学会尊重他人，同时体会到被他人尊重的重要性；在通过团队协作和集体活动中，他们能够体验到自己作为团体一员的价值，并在合作成功中获得成就感。

　　其次，在学校教育中，教师不仅是知识的传递者，更是价值观的引导者。教育的本质应当超越书本知识，帮助孩子建立起自我意识和发展的目标；鼓励孩子探索自己的兴趣和潜力；提供多元化的课程和活动，让他们在尝试和实践中发现自己独特的才华和价值。

家庭作为孩子价值观建立的第一块基石，对他们的自我价值感影响深远。父母应该为孩子树立良好的榜样，传授正向的价值观和生活态度。在家庭中，孩子需要感受到无条件的支持和爱，深知每个人都是独特和有价值的存在。

目　录

第一章
发现自身的闪亮价值

01 一起寻找价值感在心中留下的线索！

来自小朋友的信：

你好，我现在有些小困惑想向你请教。最近，我总是在思考一个问题，什么是价值感？是不是我拥有的东西越多，或者我做的事情越厉害，我就越有价值呢？

在学校，我努力学习，争取每次考试都取得好成绩。我还参加了学校的篮球队，虽然训练很辛苦，但我觉得这样可以展现我的价值。每当我在篮球场上投进一个球，或者考试取得了好成绩，我都会感到非常开心和自豪。

但是，我也发现了一些让我困惑的事情。有些同学好像并不在意这些成绩或者表现，他们更看重的是和朋友相处，或者做一些自己喜欢的事情。有时候，我会听到他们说："成绩好又怎样，开心快乐比较重要。"这让我感到很迷茫，难道我做的这些事情都没有价值吗？到底什么才是真正的价值感，我应该怎样去追求它？

心灵电台的回复：

说到"价值感"，这确实是个挺有意思的话题呢。其实啊，每个人在成长的过程中，都会对这个问题有点小小的迷茫。不过别担心，我来帮你解答这个问题吧！

首先呀，你得知道，价值感可不仅仅是你有多少好东西或者你做了多么厉害的事情。它更像是你心里的一种感觉，就像是你对自己的一种认可和喜欢。当你觉得自己做的事情有意义，能让自己和别人都开心，你就会感受到价值感。

我觉得呀，真正的价值感就是做自己喜欢的事情，然后从中找到快乐和成就感。同时，也要学会关心别人，用自己的力量去帮助别人解决问题或者给大家带来快乐。这样，你的价值感就会变得更加丰富和深刻啦！

所以，我的建议是：不要太在意别人的看法，重要的是找到自己喜欢的事情，然后努力去追求。在这个过程中，你不仅会变得更厉害，还会找到属于自己的价值感。同时，也要记得关心别人，用自己的力量去帮助和影响他人哦！

互动小游戏：价值感探险地图

完成以下内容并打卡，让你在探险过程中了解和实现自己的价值感。

探险步骤	探险任务	探险打卡
第 1 步	阅读关于价值感的小故事，写下你对价值感的理解	
第 2 步	列出你近期完成的 3 个成就并与朋友或家人分享你的成就	
第 3 步	采访 3 位同学，了解他们的价值追求，记录你的发现	
第 4 步	尝试 3 种不同的你感兴趣的活动，记录你最喜欢的活动及原因	
第 5 步	全身心投入你喜欢的活动，记录这次活动的感受和收获	

小提示：

价值感，就是我们心里的一种感觉，让我们觉得自己很棒，很有用。这种感觉不是靠别人夸我们或者送我们东西才有的，而是我们自己心里本来就有的。只要我们觉得自己在做有意义的事情，这种感觉就会一直陪着我们。

有时候，我们会有点害怕或者不确定自己行不行。但是，这种感觉会告诉我们："你可以的，你最棒了！"听到这样的话，我们就好像得到了一面坚固的盾牌，变得更加勇敢，更有信心。这样，我们就更有勇气去追求自己的梦想，面对生活中的各种挑战。

　　而且，这种感觉不会因为我们做错了事或者遇到了挫折就消失。不管别人怎么说我们，怎么看我们，我们都觉得自己是有价值的。这种信念会让我们在遇到困难的时候也不放弃，因为我们不是为了得到别人的认可而活着，我们是为了做更好的自己，找到我们生活的目标和意义。

心灵电台的小锦囊

　　提升价值感的过程，其实就是一个充满乐趣的学习和成长的旅程。在这个旅程中，我们会更加深入地了解自己，掌握炫酷的新技能，和朋友们一起畅享欢乐时光，同时不断学习，使自己变得更加强大。下面是几个小妙招，可以帮助我们增强自身的价值感！

　　发现自己的超能力：想想看，你最喜欢自己的什么地方呢？是善良、勇敢，还是聪明、有创意？找到自己的优点，就能找到自己的价值感哦！

　　我的优点是：

　　学习新招式：尝试学习一些新的技能，比如画画、跳舞或者编程。每学会一个新本领，我们都会变得更厉害，更有成就感。

　　我学会的新技能是：

　　目标达成器：想一想，有什么事情是你特别想做的？写下来，然后分成一小步一小步去完成。比如，学会骑自行车。

我的目标是：

🖊

和朋友们一起玩：多和朋友们一起玩，可以组织一些小活动，比如捉迷藏、踢足球或者一起画画，这样既能玩得开心，又能培养我们的团队协作能力。

今天和朋友一起玩耍了：

🖊

照顾好自己的身体：记得要早睡早起，吃得健康，还要多运动哦！这样我们的身体才会更强壮，更有活力。

今天锻炼身体了吗？

🖊

02 你们知道为什么需要价值感吗？

来自小朋友的信：

亲爱的电台，在学校里，老师经常告诉我们要努力学习，这样将来才能成为一个有价值的人。为什么我们需要价值感呢？它对我来说有什么用呢？

我还注意到，当我帮助妈妈做家务，比如洗碗或者打扫房间，虽然有点累，但我会感到一种很奇怪的满足感。这是不是因为我觉得我做了有价值的事情呢？还有，当我看到我养的小植物慢慢长大了，我也会很开心。这种开心和自豪感，是不是也和价值感有关呢？

我真的非常想知道，价值感到底有什么魔法，可以让我们觉得快乐或者难过。我希望你可以告诉我更多关于价值感的秘密，以及我们为什么需要它。

谢谢你，宝贝。你真的帮了我大忙。

妈妈，能帮到你我太开心了。

心灵电台的回复：

小朋友，你有没有想过，为什么我们总是喜欢听到别人夸奖我们，希望自己做的事情能得到大家的掌声和点赞呢？这其实是因为我们心里都渴望一种叫作"价值感"的东西。那么，为什么它对我们这么重要呢？

价值感，就是我们觉得自己做的事情超级有意义，感觉自己对身边的小伙伴或环境带来了好影响。它就像是我们心里的小太阳，总是照亮我们前进的路，给我们满满的正能量。

想象一下，如果一个小花长时间晒不到太阳，它会变得没精打采，甚至可能会枯萎。我们也是一样的，如果长期感觉不到自己的价值，可能就会变得迷茫、不开心，甚至失去前进的动力。所以，价值感这个小太阳，对我们来说真的是太重要了！

每当我们努力做好一件事，得到了大家的认可和夸奖，心里就会觉得自己真的好棒，值得被大家尊重和喜欢。当我们感受到自己的重要性时，我们会变得更加勇敢、更有自信。我们会全身心地投入到自己喜欢的事情中去，享受那种超级满足和快乐的感觉。

不仅如此，价值感还能激励我们去做更多自己喜欢的事情。每当我们意识到自己的行动能带来好的改变和影响时，就会更有动力去追求自己的梦想。我们会努力学习，提升自己，只为了成为更好的自己。

总的来说，价值感就像是我们心里的"小太阳"，它给我们自信、快乐和动力去追求自己的梦想和目标。

互动小游戏：培养自己的价值感

　　这个小游戏可以帮助我们通过实际行动来培养自己的价值感，每完成一个活动或任务后，我们可以清晰地看到自己的成长和收获，从而提升自信心和价值感。家长们也可以与我们一起参与这个活动，共同见证我们的成长和进步。

序号	活动或任务	完成情况	收获与感受
1	画画，创作一幅美丽的风景画		＿＿＿＿＿＿
2	在学校里帮助同学解决一个学习问题		＿＿＿＿＿＿
3	在家里帮忙做一次家务，如洗碗或扫地		＿＿＿＿＿＿
4	参加学校的才艺比赛，展示自己的特长		＿＿＿＿＿＿
5	完成一个困难的学习任务，如背诵一篇长课文		＿＿＿＿＿＿

小提示：

　　1. 小朋友们可以根据表格中的活动或任务，逐一尝试并完成。

　　2. 在"完成情况"一栏中，用"√"表示已完成，用"×"表示未完成。

　　3. 在"收获与感受"一栏中，记录自己完成活动或任务时的心情和感受。

🎺 *心灵电台的小锦囊*

怎样才能培养自己的价值感呢？其实有很多方法哦！首先，我们可以尝试去做一些自己擅长又喜欢的事情，比如画画、唱歌、跳舞等等。在这些领域取得小小的成就，我们就会感受到自己的价值所在啦！

我取得的成就：

✏️ _____

另外，我们还可以多关心身边的小伙伴和家人，通过帮助他们来感受自己的重要性。比如，在家里帮忙做家务，或者在学校里帮助同学解决学习上的小问题。这些看似小事情，其实都能让我们感受到自己的存在是有意义的哦！

我帮助家人／同学：

✏️ _____

我们要学会珍惜自己的每一个小进步和成就。不要总是和别人比较，而是要多关注自己的成长和收获。我们每次取得进步，都要给自己一个大大的赞，让自己感受到成长的喜悦和自己的价值所在。

03 价值感对我们的成长很重要

来自小朋友的信：

亲爱的儿童心灵电台，我有一个小小的疑问，希望能从你这里找到答案。为什么大人们总是强调我们要有价值感呢？它对我们的成长真的很重要吗？

在学校里，我看到班上的同学各有各的特长和优点。有的同学学习成绩优异，总是能轻松应对各种考试；有的同学运动能力出众，每次体育课都能跑得飞快；还有的同学艺术天赋极高，画的作品总是让人赞叹不已。他们是不是因为这些特长和优点，才觉得自己有价值呢？如果我什么都不擅长，那我是不是就没有价值了？

你跑太快了，我怎么追都追不上啊！

你要再快点才行哦！

心灵电台的回复：

亲爱的小朋友，你提到了一个很重要的问题。价值感确实是我们成长过程中不可或缺的一部分。那么，为什么它如此重要呢？

当你们觉得自己所做的事情是有价值的，就会更加有动力去做，也会更加自信。这种自信和动力，就像是你们成长路上的助推器，让你们更加勇敢地面对挑战，更加努力地追求梦想。

对于你们来说，培养价值感尤为重要。因为在这个过程中，你们会学会如何认识自己，如何发现自己的优点和特长，并学会如何利用这些优点和特长去影响和帮助他人。这种自我认知和自我实现的过程，不仅会让你们更加自信，也会让你们更加明确自己的人生目标。

大家都好厉害，我什么都不会。

别这么想。每个人都有自己的价值，只是你还没发现而已。

每个人都有自己的独特之处和价值所在。重要的是，要学会发现和珍惜自己的价值，努力追求自己的梦想和目标。记住，价值感是让你在成长过程中更加自信、坚定和勇敢的重要力量。

最后，希望你能够珍惜自己的每一个进步和成就，不断追求卓越和成长。相信只要你用心去寻找和发现，就一定能找到自己的价值所在，成为一个自信、坚定和有担当的人。

互动小游戏：优点大爆炸

序号	姓名	优点	解释 / 例子	家长评价
1	可乐	善良	经常帮助同学	很善良，总是乐于助人！
2	可乐	勇敢	敢于尝试新事物	勇气值得大家学习！

小提示：

1. 设定一个时间限制，比如 5 分钟，让我们尽可能多地写下自己的优点。

2. 分享自己的优点，并解释为什么觉得这是自己的优点。

3. 家长听完分享后，给予肯定或鼓励，并提出自己对这个优点的看法。

心灵电台的小锦囊

价值感不仅仅对我们个人的成长超级重要，它还能让我们的社交生活更加丰富多彩哦！当我们对自己充满信心，内心充满价值感时，就会自然而然地散发出一种自信的气场。这种自信会吸引更多的小伙伴和我们成为朋友，一起分享彼此的想法和经历。

价值感还能帮助我们更好地处理和小伙伴之间的矛盾和

冲突，当我们坚信自己的价值时，就会更有勇气说出自己的想法和观点，同时也更加愿意倾听和理解别人的想法。这种平衡和尊重的交往方式会让我们的人际关系更加健康和稳固哦！

在团队合作中，价值感也是超级重要的呢！一个对自己充满信心的团队成员会更加积极地参与到团队活动中去，为团队实现目标贡献自己的力量。而且他也更愿意和团队成员分享知识和经验，让整个团队变得更加团结和有力量。

让我们一起努力培养自己的价值感吧！相信在未来的日子里我们会因为拥有了这个宝贵的"小太阳"而成长得更加出色和优秀呢！

以下列出了一些常见的价值观。请根据自己的理解，按照重要程度给这些价值观进行排序。

友谊	健康
成功	财富
家庭	自由

04 和自尊、自信、价值感做朋友

来自小朋友的信：

　　亲爱的电台，今天老师在课堂上给我们深入讲解了自尊、自信和价值感，说这三个要素在我们的成长中扮演着非常重要的角色，就像是我们不可或缺的"朋友"。

　　关于自尊，我的理解是它就是自我感觉良好、认为自己值得尊重的那种心态。不过，我有个担忧，如果我在课堂上回答问题回答错了，被同学们嘲笑，那我该怎么办呢？我的自尊会不会因此就消失了呢？

　　自信，这个我理解得相对好一些，它应该是相信自己有能力完成很多事情的一种信念吧。但是，假如我尝试了某件事情却没能成功，我的信心会不会像泄气的气球一样逐渐消失呢？我该如何做才能保持自信的"气球"永远饱满不漏气呢？

　　至于价值感，我觉得它类似于那种当我能够帮到别人，内心涌现出的自己很有用的感觉。然而，我也困惑：如果某天没有机会去帮助别人，那我是不是就失去了那一天的价值呢？还是说，价值感其实并不仅仅与帮助他人有关？

　　最后，我还想知道，如果不小心"弄丢"了自尊、自信、价值感中的任何一个，其他两个会不会也受到影响，感到不开心，然后跟着一起消失呢？

别灰心，答错一次不代表什么，你的勇气和努力才是最重要的。

解方程
80-(x+2)÷3=76
解

看来我回答错了……

心灵电台的回复：

当自尊受到打击时，你可能会感到沮丧和失落，这种情绪可能会影响你的自信和价值感。你可能会开始怀疑自己的能力，导致自信下降。同时，你也可能会觉得自己没有价值或不被尊重，从而影响你的价值感。然而，这并不意味着自信和价值感会完全消失。通过积极的努力和自我肯定，你可以逐渐恢复自尊，并重建自信和价值感。

自信的丧失可能会让你感到无助和不安。这种情绪可能会让你的自尊和价值感受到影响。你可能会开始怀疑自己的价值和能力，从而降低自尊。同时，你也可能会觉得自己无法为他人或社会作出贡献，导致价值感减弱。然而，即使自信受到打击，你仍然可以通过寻求支持和积极面对挑战来重建自信。当你重新找回自信时，你的自尊和价值感也会逐渐恢复。

当价值感受到挑战时，你可能会感到迷茫和失落。这种情绪可能会影响你的自尊和自信。你可能会开始怀疑自己存在的意义，从而降低自尊和自信。然而，价值感是可以通过参与有意义的活动、帮助他人或实现个人目标来重建的。当你重新找回价值感时，你的自尊和自信也会得到提升。

互动小游戏：我的三个好朋友

学会和自信、自尊、价值感做朋友，让我们的成长旅程充满乐趣和动力！

自信小秘诀	自我鼓励	有趣活动	人际互动小乐趣
1	大声说"我最棒！"	尝试新美食	与朋友分享笑话
2	跳个自信舞	去公园散步	给家人一个拥抱
3	自拍并赞美自己	做手工 DIY	与邻居打个招呼
4	对镜子微笑	看场喜剧电影	和同学分享小零食

小提示：

1. 一周七天，每天尝试一个小秘诀。

2. 可以根据自身情况修改表格内容。

自尊、自信和价值感是我们人生中的三位重要朋友。它们不仅关乎我们个人的成长和进步，更关乎我们的内心世界和幸福感。让我们用心去培养和呵护这三位朋友吧！

心灵电台的小锦囊

自尊的来源：

当你在学校里努力学习并获得好成绩时，你可能会感到自豪和满足。这种感觉体现了你的自尊——你对自己能力和价值的认可。现在，让我们来识别和记录那些让你感受到自尊的瞬间。

请在下面的空白处记录：

_____

_____

自信的来源：

自信是对自己能力的信念。比如，当你在学习跳绳时，最初可能不太熟练，但通过不断地练习，你最终能够连续跳很多次。这个过程中的每一次进步都增强了你对自己能力的信心。现在，让我们来识别和记录那些增强你自信心的经历。

请在下面的空白处记录：

_____

_____

价值感的来源：

价值感来自于你对他人或团队所作贡献的认识。例如，在团队中，你的创意方案解决了问题，或者你的努力帮助团队赢得了比赛，这些都会让你感到自己是有价值的。现在，让我们来识别和记录那些让你感到有价值感的时刻。

请在下面的空白处记录：

_____

_____

通过记录这些经历，你可以更清楚地看到自己的成长和成就，从而培养更强的自尊、自信和价值感。

05 哎呀，我的价值感藏到哪里去了？

来自小朋友的信：

亲爱的儿童心灵电台，我有一个小小的困惑，想和你分享一下。我觉得我的同学都很优秀。有一个同学每次考试都是全班前几名，老师总是夸她。还有一个同学跑步特别快，每次运动会都能拿到奖牌，大家都为他欢呼。还有一个同学会弹钢琴，每次学校的文艺演出，他都能弹出美妙的音乐，让大家陶醉其中。

但是，我好像没什么特别的地方。我的学习成绩一般般，每次考试都不会是全班前几名。运动会上，我也拿不到奖牌。更糟糕的是，我不会什么才艺表演。有时候我会想，我是不是真的很普通？我甚至开始怀疑自己到底有没有价值。

比如上次的数学考试，我努力了，可是成绩还是很一般。还有运动会，我拼尽全力，可还是没能拿到奖牌。我也想弹出美妙的音乐，可是我连最基本的音符都不认识。

> 我已经这么努力了，为什么数学成绩还是这么一般？

每当这样想的时候，我就觉得心里空空的，好像自己真的没什么价值。但是，我又不甘心，我应该怎么办？我该如何找到自己的闪光点，发现自己的价值呢？

🎓 心灵电台的回复：

感受不到价值感有很多原因，可能我们还没有发现自己的优点，每个人都有自己独特的才华和能力，只是有时候它们藏得比较深，需要我们慢慢去挖掘。又或者，我们总是和别人比较，这种比较往往会让我们陷入自我怀疑的旋涡。

其实，价值感并不仅仅来源于个人的才能和特长。它还与我们的品德、性格和行为密切相关。一个善良、真诚、勇敢的人，无论他是否拥有过人的才华，都会受到他人的尊重和喜爱。因此，我们在追求个人才能的同时，也要注重培养自己的良好品德和性格。

每个人都有自己的成长节奏和轨迹，不要过于苛求完美，也不要总是拿自己和别人比较。只要我们一直在努力进步，就是在很好地成长。当我们学会欣赏自己时，我们会发现自己的价值感在不断提升。

> 你的创意和技巧都非常出色。

> 哇，你画得真好！

> 原来每个人都有自己的特长，只要我们愿意寻找，就会发现自己很厉害。

所以呀，小朋友，不要害怕自己没有价值，它可能藏在你的善良里、你的勇敢里、你的坚持里……只要你愿意去寻找和发掘它，它一定会出现在你的生命里！

互动小游戏：我的成长与价值

通过记录的方式全面地认识自己，发现自己的价值，并学会接受自己的不完美。

日期	我的优点	我的不完美	参与的活动	取得的进步	自我鼓励

小提示：

1. 诚实地写下自己的不足或短板，例如"容易害羞""有时缺乏耐心"等。

2. 每当完成一个小目标或取得进步时，给自己一些正面的反馈和鼓励，可以是简单的话语或者是给自己一个小奖品。

价值感不是别人给我们的标签，而是来自我们对自己的肯定。每个人都有自己独特的闪光点。有的人可能在画画上有天赋，有的人跑得快，有的人口才好，还有的人特别会解决问题。这些优点就像是我们身上的宝石，让我们闪耀。

但是，有时候我们可能会忘记自己的优点，特别是在遇到困难或者失败的时候。比如，当我们在学校里考试没得到好成绩，或者在比赛中输给了别人，我们可能会觉得自己不够好，价值感就会躲起来。这时候，我们需要做的就是拿起放大镜，仔细看看自己，找到那些被忽视的优点。

心灵电台的小锦囊

除了以上方法，我们还有哪些方法可以找到自己的价值感呢？

我们可以通过学习新技能来增强价值感。每学会一样新东西，都会让你觉得自己变得更厉害了。这不仅仅是因为你掌握了新知识，更重要的是，你证明了自己有能力去学习和成长。这样，你的价值感就会像小草一样，慢慢从土地里冒出头来。

价值感成长记录表

记录一

日期：＿＿＿年＿＿＿月＿＿＿日

事件或成就：＿＿＿＿＿＿＿＿＿＿＿＿＿＿＿＿＿＿＿

记录二

日期：＿＿＿年＿＿＿月＿＿＿日

事件或成就：＿＿＿＿＿＿＿＿＿＿＿＿＿＿＿＿＿＿＿

（可根据需要继续添加记录）

第二章

带着价值感，挑战生活大冒险

01 在家里也可以培养"超能力"！

来自小朋友的信：

　　亲爱的电台，最近我遇到了一件让我深感困惑的事情。我的同桌平时成绩一直名列前茅，但最近几次考试他的成绩却令人大跌眼镜。我好奇地问他原因，原来，最近他的父母经常吵架，这种家庭氛围让他感到极度不安，根本就没有心思去学习和复习。

　　这不禁让我深思家庭氛围与学习之间的紧密联系。是不是家庭中的争吵和冲突会让我们分心，导致无法专注于学习？还是家庭氛围的不和谐会影响我们的情绪和自信心，从而对学习产生负面影响？

　　我现在很担心他，因为他看起来十分沮丧，我觉得可能是家里的事情让他开始怀疑自己了。我在想，那些家庭氛围不好的同学，他们会不会因为家庭的负面影响而变得自卑、消沉，变得不自信、不快乐呢？

心灵电台的回复：

举个例子，小明生长在一个充满爱的家庭，他的父母总是鼓励他尝试新事物，每当他遇到困难，父母都会耐心地引导他找到解决问题的方法。在这样的环境下长大，小明对自己的能力充满了信心，他相信自己可以克服任何困难，实现自己的目标。这就是一个积极的家庭氛围对孩子价值感的正面影响。

一个和谐、温馨的家庭氛围，能够让孩子感受到安全感，从而提升他的自我价值感。相反，一个充满争吵和暴力的家庭氛围，会让孩子感到恐惧和不安，从而降低他的自我价值感。

除了亲子关系和家庭氛围，家庭的经济状况也会对孩子的价值感产生影响。虽然金钱并不能直接决定一个人的价值，但是经济状况较好的家庭，往往能够为孩子提供更多的资源和机会，从而帮助他们建立更强的自我价值感。

然而，这并不是说经济条件不好的家庭就无法培养孩子的价值感。父母的育儿方式和行为选择对孩子的成长至关重要，它不仅决定了孩子现阶段的幸福，更会影响他们未来的人生轨迹。

互动小游戏：帮助同学走出困境

这个表格可以帮助我们记录给同学提供的帮助和支持，通过这个表格，我们还可以看看我们的帮助到底有没有用呢，快来试试填写这个表格吧。

序号	帮助类型	详细描述	已实施（是/否）
1			
2			
3			
4			
5			

小提示：

家庭氛围对我们的成长很重要，它像一个小社会，让我们学会承担责任，与他人合作。做家务让我们更自律，和兄弟姐妹相处则教会我们分享和包容。这些经历提升了我们的社交能力，培养了我们的领导力和团队精神，对未来很有帮助。

在家庭中，父母的爱让我们感到很安全，可以自由地尝试新事物。有父母的鼓励，我们更有勇气追求梦想，面对挑战也不害怕。失败时，父母会扶我们起来；成功时，他们为我们骄傲。这样的支持，让我们更自信和自尊。

父母的期望也是我们成长的动力，让我们更努力，还能激发我们的潜力。为了满足他们的期望，我们会不断提升自己。这个过程中，我们学会了设定目标和自我激励，这是成功的关键。

但家庭也不总是完美的，有时会有问题和挑战。所以，父母们请尽量给孩子一个和谐的家，多和孩子沟通，了解他们的想法。这样，他们才能感觉到更多温暖和支持。总之，家庭的爱和支持，能让孩子成长得更好。

心灵电台的小锦囊

如果你的同学经历了家庭变故或受到了家庭方面的重创，开始怀疑自己，你可以通过以下方法来帮助他。首先要关心他的心理健康。你可以主动与他交流，倾听他的烦恼和困惑，让他感受到你的关心和支持。

其次，你可以鼓励他参加一些有益的课外活动或社交活动，帮助他转移注意力，缓解家庭氛围带来的负面情绪。此外，你还可以与老师或学校辅导员沟通，寻求专业的帮助和建议。老师们会提供更具体的指导，帮助同学更好地应对家庭氛围带来的挑战。

同学的烦恼：

你打算怎么解决：

你还知道哪些方法？

通过你的努力，我相信他一定能够更好地应对家庭氛围带来的挑战，重拾自信和快乐，健康地成长和学习。同时，我也希望每个家庭都能为孩子创造一个和谐的成长环境，让孩子在爱和关怀中茁壮成长。

02 带着价值感在生活中通关的秘诀！

来自小朋友的信：

亲爱的电台，我在学习上遇到了一些难题。有时候，我会对某些科目的知识点感到困惑，尽管我努力去理解，但成绩还是不尽如人意。每当这种时候，我就会开始怀疑自己的能力，觉得自己好像不够聪明，没有学习的天赋。这种感觉真的很糟糕，它让我觉得自己毫无价值。

除了学习，我在人际交往中也遇到了一些问题。有时候，我会和朋友发生一些误会和矛盾，这让我感到非常困扰。我会担心自己是不是做错了什么，是不是不被他们喜欢。这种担忧让我越来越不自信，甚至开始怀疑自己的社交能力。

看着身边那些成功的人，我总会想，他们是不是都有着很高的价值感？他们是不是从来都不会感到迷茫和不安？我知道这种想法可能有些片面，但我真的很想知道，他们是如何在面对困难时依然保持自信和坚定的。

另外，如果我已经发现了自己的价值所在，但周围的人却并没有给予我足够的认可和支持，我应该怎么办呢？这种情况下，我要怎样才能坚持自己的信念，不被外界的负面评价所影响？

我希望你能给我一些建议，告诉我如何在面对挑战时保持价值感，如何在困难面前不轻易放弃。我相信，只要我找到了正确的方法，我一定能够勇敢地迎接生活中的每一个挑战。

他看起来好自信啊，站在领奖台上一点都不怯场。

🖊 心灵电台的回复：

首先，我想告诉你，每个人在成长的过程中都会遇到挑战和困难，这些经历是成长的一部分。别担心，每个人都会有这样的经历，重要的是我们如何面对它。成功的人也不例外，他们也会有迷茫和不安的时刻。区别在于，他们学会了如何管理这些情绪，并在挑战中找到成长的机会。

我们要明白一个道理：不是所有的鸟儿都会唱歌，但每一只鸟儿都有自己飞翔的方式。所以，如果某一科的成绩不理想，并不代表你就没有能力或价值。也许你只是需要调整一下学习方法，或者再多付出一些努力和时间。记住，失败只是暂时的，它并不能定义你的全部。

朋友之间偶尔的争执和分歧，并不代表你就不被喜欢或者做错了什么。相反，这些经历也许会帮助你更加了解彼此，让你们的友谊更加深厚。所以，当遇到这些问题时，试着去沟通、去理解，而不是逃避或自责。

你对那些成功的人心生羡慕，觉得他们总是那么自信、那么有价值。但实际上，他们也曾经历过迷茫和不安。所以，不要过于苛求完美，也不要因为一时的挫败而否定自己。每个人都有自己的成长轨迹，你只需要按照自己的节奏，一步一个脚印地前进就好。

价值不是由别人来定义的，而是由你自己来决定的。即使周围的人没有给予你足够的认可和支持，你也要坚信自己的价值。你可以通过不断学习和提升自己的能力来增强自信，也可以通过参与一些有意义的活动来找到自己的价值。总之，只要你心中有光，就无须在意他人的眼光。

面对生活中的挑战，你要学会保持积极的心态和坚定的信念。相信自己有能力克服一切困难，勇往直前地追求自己的梦想。记住，无论遇到什么困难，都不要轻易放弃。因为你的价值是无法估量的，你的未来也是充满无限可能的！加油！

> 别担心，大家只是误会你了。其实你很受欢迎，只是你自己没察觉到。

> 我是不是又说错话了？为什么他们都不喜欢我？

🧚 互动小游戏：超级英雄

通过扮演超级英雄，我们可以更加勇敢地表达自己，展示自己的个性和特点。此外，这个游戏还可以促进和同学及朋友的交流和互动。

序号	超级英雄名	真实姓名	特殊能力	超能力来源
1		姓名1	（例如：飞行、隐身等）	（例如：来自外星、科学实验等）
2				
3				
4				

🔍 小提示：

1. 让每个孩子想象自己是超级英雄，并给他们每人发一张表格。

2. 鼓励孩子们发挥想象力，创造独特的超级英雄角色和背景故事。

3. 完成表格后，以超级英雄的身份进行自我介绍，分享各自的特殊能力和超能力来源。

学校和社会不仅为我们提供了学习和成长的平台，同时也带来了各种挑战和压力。其实，这些压力是我们成长的催化剂。正是因为有了这些压力，我们才会更加努力地学习，更加珍惜每一次进步的机会。每当我们攻克一道难题，每当我们取得一点进步，成就感和自豪感就会油然而生，让我们更加确信自己的价值。

适当地放松，进行一些娱乐活动可以帮助我们释放压力，保持心态的平衡。运动、阅读、旅行或与朋友聚会都是不错的选择。这些活动不仅能够丰富我们的生活体验，还能够帮助我们从日常的压力中暂时抽离出来，给予心灵以喘息的空间。

无论是家人、朋友还是老师，他们的支持和鼓励都能够为我们提供力量。当我们遇到困难时，不要害怕寻求帮助。与他人分享我们的感受和经历，可以让我们从不同的视角看待问题，找到解决问题的新方法。

每个人都有独特的才华和潜力，只要我们愿意挖掘和努力，就能够实现自己的目标。自信是克服压力的关键，它让我们相信自己的价值，即使在逆境中也能够坚持下去。

心灵电台的小锦囊

让我来告诉你一些小秘诀，帮助你带着价值感在生活中通关吧！

每个人都有自己的优点和特长，你要学会欣赏自己，相信自己能够做好每一件事情。当你遇到困难时，不要轻易放弃，要相信自己有能力克服它。

我的特长有：

不要总是和别人比较，因为每个人的起点和经历都不同。你要把注意力放在自己的成长上，每当你取得一点进步时，你的价值感就会增强。

我这段时间的进步：

当你用自己的能力去帮助他人时，你会感受到自己的价值得到了体现。同时，你也会收获他人的感激和认可，这也会让你的价值感更加强烈。

我和朋友分享了：

03 保护心中的小情绪不受伤害

来自小朋友的信：

最近，我有些小小的烦恼。我发现自己经常会因为一些看似微不足道的事情而感到难过或生气。这些情绪虽然短暂，但它们的存在确实对我的心情和与他人的关系产生了一些影响。我一直在想，有没有什么有效的方法可以让我更好地管理好这些情绪呢？

在学校，与同学相处，有时会出现一些小摩擦。他们可能会无意中说出一些让我不舒服的话语，或者做出一些令我不快的事情。我深知他们可能并无恶意，只是言者无心，但听者有意，我还是会因此感到难过。这种情绪积累起来，让我感到有些压抑，我担心这会影响到我与同学之间的友谊。

我真的不希望因为这些小情绪而与同学产生隔阂，但我又确实不知道如何妥善处理这些负面情绪。亲爱的电台，你能给我一些建议吗？

心灵电台的回复：

亲爱的小朋友，我完全理解你的困扰。情绪管理对每个人来说都是一个需要学习和练习的过程，而学会如何保护自己的情绪更是成长中的重要课题。

首先，我想告诉你的是，情绪没有好坏之分，它们只是你内心真实感受的反映。当你感到难过或生气时，不要急于压抑或否定这些情绪，要尝试去接纳和理解它们。你可以找一个安静的地方，静下心来，深入体会自己的情绪，并尝试用语言来描述你的感受。这样做有助于你更好地认识自己的情绪，并找到适合的方式来处理它们。

其次，与他人沟通也是关键。当你感到受伤或不舒服时，不要急于责怪对方，而是尝试以开放和坦诚的态度与对方进行交流。你可以表达你的感受，并询问对方是否有其他意图或想法。通过有效的沟通，你可以减少误解和冲突，从而保护自己的情绪不受进一步伤害。

此外，培养一些情绪调节的技巧也是很重要的。例如，当你感到情绪激动时，可以尝试进行深呼吸或冥想等放松练习，以帮助自己平静下来。你还可以寻找一些能够让你感到愉悦和放松的活动，如听音乐、阅读、画画或进行户外运动等。这些活动可以帮助你转移注意力，缓解负面情绪。

不要过于苛求自己，给自己一些时间和空间来逐渐掌握这些技巧。同时，也要学会寻求帮助和支持。如果你觉得自己无法独自应对情绪问题，可以向家人、朋友或老师寻求帮助。

亲爱的小朋友，保护心中的小情绪需要耐心和努力。通过学会接纳和理解自己的情绪、与他人有效沟通、培养情绪调节技巧以及寻求帮助和支持，你将能够更好地管理自己的情绪，并保护它们不受伤害。相信自己，你一定能够成长为一个情绪稳定、内心强大的人！

🧚 互动小游戏：识别不同的情绪

序号	情绪名称	表情符号	描述	实例	你感受到过这种情绪吗? （是/否）
1	快乐		当你得到想要的东西，或者经历美好的事情时，你会感到快乐	你在生日时收到了一份特别喜欢的礼物	
2	悲伤		当你失去某些重要的东西，或者经历不愉快的事情时，你会感到悲伤	你最喜欢的玩具不小心被弄丢了	
3	愤怒		当你觉得被冤枉，或者有人做了你不喜欢的事情时，你会感到愤怒	你的朋友没有经过你的同意就拿走了你的东西	
4	惊讶		当你遇到出乎意料的事情时，你会感到惊讶	你在街上突然遇到了一个很久没见的朋友	
5	害怕		当你面临危险或者不确定的情况时，你会感到害怕	晚上你一个人在家，突然听到奇怪的声音	

🔔 心灵电台的小锦囊

　　每个人都会遇到让自己不快乐或者不舒服的事情，这是人类情感的一部分。关键是如何处理这些情绪，以及如何保护我们内心的平静和幸福感。

接受自己的情绪：首先，要学会接受自己的情绪，不要逃避或压抑它们。告诉自己，感到难过或者生气是正常的，这是你内心在向你传达信息。

表达情绪：找一个可以信任的人，如朋友、家人或者老师，与他分享你的感受。倾诉可以帮助你释放情绪，得到支持和理解。

写日记：将你的情绪和想法写下来，有助于理清思路，更好地了解自己的内心世界。

找到宣泄方式：尝试一些活动，如绘画、运动、听音乐等，帮助你将情绪转化为创造力和动力。

学会宽恕：如果同学的行为让你感到不舒服，试着从他的角度去理解，或许他并不知道自己的行为对你造成了困扰。学会宽恕别人，也是对自己的一种保护。

培养正面思维：当遇到不愉快的事情时，试着从中找到积极的一面。这样可以帮助你更好地应对挫折，保持乐观的心态。

情绪表达记录表

日期	情绪	倾诉对象	倾诉内容	倾诉后的感受

04 寻找自己的闪光之处！

来自小朋友的信：

亲爱的电台，我最近听到一个很有趣的说法，就像漫画里的英雄一样，每个人都有自己的超能力。这让我感到非常好奇，是不是每个人都有自己的特殊技能或者天赋呢？如果真的每个人都有超能力，那我的超能力是什么呢？我又该如何找到它，并且让它发光发亮，展现出最大的价值呢？

心灵电台的回复：

小朋友，你说得没错，每个人都是独一无二的，都拥有自己的超能力。这种超能力，其实就是你的优点和特长，它们或许不像漫画里的超能力那么炫酷，但它们确确实实存在，并且是你的独特之处。

要发现这些超能力，你可以先问问自己：我做什么事情的时候最开心？我有没有什么事情做得比别人好？有没有什么事情是我特别感兴趣的？这些问题的答案中，可能就隐藏着你的超能力哦！

另外，你也可以尝试一些新的事物，比如参加不同的兴趣小组或者课程，去发掘自己的潜在能力。说不定你会发现，原来自己在某个领域也有着不俗的表现呢！

记住，每个人都有自己的节奏和成长轨迹，不要过于着急，也不要和别人去比较。只要你用心去寻找、去尝试、去努力，你的闪光之处一定会被发掘出来。相信自己，你也是一个拥有超能力的英雄！

互动小游戏：发现我的超能力

序号	超能力	日常生活中的体现	自评等级（1-5）
1			
2			
3			

小提示：

例如，自己拥有"发现美的眼睛"，总能发现别人忽略的美，对色彩和形状有敏锐的感知。

要找到自己的超能力，我们可以先从自己的兴趣爱好入手。你喜欢画画吗？如果非常喜欢，那你的超能力可能就是用画笔捕捉生活的美好，将心中的想法和情感通过画面表达出来。你喜欢运动吗？如果非常喜欢，那你的超能力可能就是拥有健康的身体和坚持不懈的精神。无论是哪一种，都是你的独特之处，都值得你去珍惜和发展。

除了兴趣爱好，我们还可以从自己的性格中寻找超能力。有些人天生就善于倾听和理解他人，这种能力在人际交往中是非常宝贵的。有些人则拥有敏锐的洞察力和判断力，能够在复杂的情况下迅速做出决策。这些性格特质，其实也属于超能力。

心灵电台的小锦囊

【我最开心的时刻】

描述一下你在做什么事情的时候感到最开心、最投入，或者最能忘记时间。这些活动可能是你超能力的来源。

【我比别人做得更好的事情】

想一想，有没有一些事情你做得比别人好？或者有没有一些事情是你特别感兴趣的？这些事情就可能是你的超能力哦！

【我想尝试的新事物】

列出你想尝试的新事物或活动。参加这些活动可能会帮你发掘出你意想不到的超能力。

【我发现的超能力】

根据上面的探索，你发现了哪些超能力？描述一下这些超能力，并思考如何在日常生活中发挥这些超能力。

家长和老师可以引导小朋友完成这张表格，并在他们发现和培养超能力的过程中给予支持和鼓励。

05 魔法镜帮我看到优点和缺点

来自小朋友的信:

亲爱的电台,我最近得到了一个神奇的魔法镜,它可以帮我看到我的优点和缺点。我一开始觉得这只是个玩具,但当我真正使用它的时候,我被镜子里展现出来的自己深深地震撼了。

镜子里,我看到了自己平时没注意到的一些优点,比如我乐于助人,总是愿意帮助有需要的同学;我很有创造力,能想出很多有趣的点子。但同时,我也看到了自己的缺点,比如我有时会过于固执,不愿意听取别人的意见;我还有点拖延症,总是把事情拖到最后一刻才开始做。

看到这些,我既高兴又难过。高兴的是,原来我有这么多优点。难过的是,我还有很多需要改进的地方。亲爱的电台,你说我应该怎么做才能变得更好呢?

心灵电台的回复:

小朋友,你有没有想过,为什么我们总是喜欢听到别人的夸奖,但却不喜欢听到别人的批评呢?这其实是因为我们心里都渴望一种叫作"自我认识"的东西。那么,为什么它对我们这么重要呢?

自我认识,就是我们清楚自己的优点和缺点,感觉自己对自己有一个全面的认识。它就像是我们内心的指南针,总是指引我们前进的方向,帮助我们做出正确的选择。

如果我们不知道自己的优点，就无法发挥自己的长处；如果我们不了解自己的缺点，就无法改正错误。如果长期对自己没有一个清晰的认识，可能就会变得迷茫、不开心，甚至不知道如何前进。

所以，我们需要正确地看待自己的优点和缺点，既要珍惜自己的优点，也要勇于面对并改正自己的缺点。只有这样，我们才能更好地成长。

互动小游戏：我的优点记录表

序号	优点描述	具体例子或经历
1	善于沟通	在团队合作中，我能够清晰表达自己的想法，并有效协调团队成员
2		
3		
4		

小提示：

能够看到自己的优点和缺点，这是一件非常重要的事情。它是自我认识的开始，也是个人成长的关键。当我们清楚地知道自己在哪些方面做得好，我们就能更有信心地在这些领域继续前进。

首先，要学会欣赏自己的优点，优点是你的闪光处，是你的魅力所在。你要坚信自己的能力，积极发挥自己的长处，勇敢追求自己的梦想。当别人称赞你时，别忘了微笑并说一声"谢谢"，因为这是他们对你优点的认可。

然而，没有人是完美的，我们每个人都有需要改进的地方。面对自己的缺点，你不需要感到害怕或羞愧。缺点不是污点，而是成长的机遇。它们是生命中的指路明灯，提醒你还有很多地方可以提升。

🍐 心灵电台的小锦囊

了解自己的缺点可以帮助个人更好地认识自我，并促进个人成长。

1. 请诚实地记录下自己认为需要改进的地方，可以是性格上的小瑕疵、习惯上的问题或是技能上的不足。

2. 记录下你为了改善上述缺点所做的努力和取得的进步。可以包括你如何利用你的优点来达成目标。

3. 向你信任的家人、朋友询问他们如何看待你的优点和缺点，他们的观察可能会给你提供新的视角。

4. 基于以上信息，制定一个简短的计划来进一步发展你的优点和改善你的缺点。设定具体可实现的目标，并为每个目标制订时间表。

第三章
培养独一无二的自我价值宝藏

01 准备好让世界看到你的才华了吗？

来自小朋友的信：

我有个问题藏在心里很久了，有一次，我画了一幅自己觉得还挺满意的画，那是一座充满奇幻色彩的城堡，周围环绕着飞翔的龙和美丽的花朵。我犹豫了好久，最后鼓起勇气拿给了我的好朋友看。他看了一眼，笑了笑说："这城堡怎么是歪的？龙也画得不太像啊。"虽然他是开玩笑的语气，但我还是感到心里有些不舒服。

从那以后，我就不敢轻易向他人展示我的作品了。我怕他们说我做得不好。每次看到那些在大家面前自信地表演或者展示自己才华的同学，我都会羡慕不已。他们为什么就能那么自信呢？别人像我这样担心自己的作品不受欢迎或者不被接受吗？

但是昨天，我在房间里画画，妈妈走进来看到我画的一幅画，她惊喜地说："哇，这幅画真好看！我可以挂在客厅吗？"我犹豫了一下，还是点了点头。看着妈妈高兴地拿着画走出房间，我心里突然有了一种莫名的满足感。也许，我可以试着更加勇敢地展示自己？

这幅画……会不会又被人说不好呢？

这幅画真的很棒！

心灵电台的回复：

　　亲爱的小朋友，我完全能理解你的担忧和困惑。展示自己的才华是一条充满挑战的道路，但也是一条能够给我们带来快乐和成就感的道路。

　　首先，你要相信自己，不要害怕别人的评价。评价是主观的，每个人都有不同的审美和观点。有人喜欢你的作品，也有人不喜欢。但这并不意味着你的作品不好或者没有价值。你要学会接受不同的声音，并从中汲取有益的建议，不断提升自己的创作水平。

　　其次，不要让自己的才华和努力只停留在自己的世界里。你可以通过参加学校的画展、故事分享会等活动来展示自己的作品，也可以尝试在社交媒体上分享你的创作。当你看到自己的作品被更多人欣赏和喜爱时，你会感受到前所未有的快乐和成就感。

　　所以，小朋友，不要害怕展现自己的才华。相反，要以此为荣，勇敢地追求自己的梦想。即使初期会遇到困难和挫折，也要把它们当作成长的垫脚石。要相信自己充满着无限的可能，只是还未被挖掘。

哇，这幅画好有创意啊！你是怎么想到的？

我希望通过这幅画鼓励大家不畏艰难，勇往直前。

互动小游戏：我的才华大冒险

　　通过这个小游戏，你不仅能更加了解自己的才华和潜力，还能在展现自己的过程中收获快乐和自信。加油，小小冒险家们！

冒险步骤	行动指南	完成情况与成果
1. 发现才华	列出你的三个特长或爱好	
2. 小试牛刀	选择一个特长在家人或朋友面前进行展示	
3. 才华升级	报名参加一个与你特长相关的比赛	
4. 创意挑战	创作一个作品，主题不限	
5. 分享喜悦	在网络或学校的展示活动中分享你的作品	
6. 持续探索	尝试新的特长或爱好	

🔍 **小提示：**

1. 每完成一步都可以获得家人的鼓励和小奖励，增加游戏的趣味性和动力。

2. 不要害怕失败，每一次的尝试都是成长的一部分，勇敢地展现自己吧！

亲爱的小朋友，你是否曾经有过这样的感受：内心深处藏着一个小小的梦想，一种特别的才华，却总是不敢轻易展现出来？或许你害怕被嘲笑，或许你担心自己的才华不够出众。

当你站在学校的演讲台上，慷慨激昂地发表着自己的观点，台下的同学们为你鼓掌喝彩；或者你的画作被展示在学校的艺术展览上，吸引了无数人的目光；再或者你在科学竞赛中脱颖而出，用你的智慧赢得了大家的赞赏。这些场景是不是让你心动不已？

展现自己的才华，不仅仅是为了得到别人的认可，更重要的是，这是一个锻炼自己、提升自己的过程。通过参加各种活动和比赛，你会发现自己的能力得到了提升，自信心也得到了增强。同时，你还能结交到一群志同道合的朋友，与他们一起分享快乐、追求梦想。

心灵电台的小锦囊

如何找到展现自己才华的机会呢？首先，你可以关注学校或社区举办的各种活动和比赛。这些活动通常都会有明确的报名方式和参赛要求，你只需要按照要求准备好自己的作品或表演，然后勇敢地报名参加就可以了。

我报名的活动：

我准备的作品：

02 每个人都有抵抗挫折的超能力！

来自小朋友的信：

亲爱的电台，最近我遇到了一些不开心的事情。期中考试时，我的数学考试没考好。参加学校举办的篮球比赛也输了。我是不是真的很笨？为什么总是失败呢？

昨天，我在公园里看到其他小朋友在玩滑板，他们滑得那么好，我也想试试。可是，我刚刚站上去就摔倒了，膝盖都磕破了。当时我真的好痛，也好想哭。为什么别人都能做好的事情，我就是做不好呢？

每次当我尝试新的事物或者面对挑战时，也总是会遇到各种各样的问题。我学习弹吉他，手指总是按错弦；参加学校的演讲比赛，又紧张得忘词了。我觉得自己好像什么都做不好，每次尝试都以失败告终。每次失败后，我都会感到很难过，甚至想放弃。我觉得自己好像无法像其他小朋友一样轻松地应对各种挑战。我该怎么办呢？

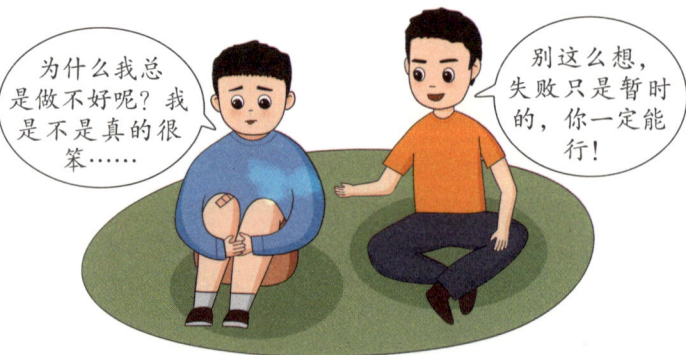

为什么我总是做不好呢？我是不是真的很笨……

别这么想，失败只是暂时的，你一定能行！

心灵电台的回复：

小朋友，我完全能理解你的困惑和失落。成长的过程中，我们确实会遇到很多挑战和困难，这是无法避免的。但请相信，每个人都有一项超能力，那就是抵抗挫折的能力。

你提到的数学考试和篮球比赛，虽然结果不尽如人意，但这并不代表你就是一个失败者。相反，这些经历都是你成长的必经之路。你可以从中学到很多东西，比如如何面对挫折、如何调整心态、如何更好地提升自己。

记住，每个人的成长轨迹都是不同的。有些小朋友可能在某些方面表现得比较出色，但这并不意味着你就比他们差。你有自己的优点和特长，只是需要时间和努力来发掘和提升。而且，抵抗挫折的能力是可以培养的。每当你克服一个困难或挑战时，你的内心都会变得更加强大和坚韧。所以，请勇敢地迎接每一个挑战，相信自己有能力去战胜它们！

面对挫折时，不要先否定自己。试着从中汲取经验教训，找出失败的原因，并思考如何改进。同时，也要学会接受自己的不完美，给自己一些宽容和鼓励。你可以尝试这样对自己说："虽然这次我失败了，但这并不代表我永远都会失败。我要从这次失败中吸取教训，变得更加坚强和勇敢。"这样的心态会让你在面对挫折时更加从容和自信。加油！

小朋友，我就在你心中。

我要勇敢地面对挑战，相信自己可以战胜困难！

互动小游戏：挫折挑战大冒险

下面，你将化身为勇敢的冒险家，面对各种生活中的小挫折。比如第一关，你可能需要学会面对朋友的误解。第二关，可能是克服学习上的小难题。别担心，这些挫折只是小小的障碍，就像路上的小石头一样。每通过一个关卡，你都会变得更加强大和自信。

关卡	挑战	完成状态
1		
2		
3		
4		
5		

小提示：

有些小朋友可能觉得，超能力是那种能飞天遁地、操控一切的神奇力量，但实际上，我们每个人的超能力，更多的是体现在面对生活的种种挑战时所展现出的坚韧与不屈。其中，抵抗挫折的能力，就是我们每个人都拥有的、不可忽视的超能力之一。

想象一下，当你遇到困难，感到前路茫茫，似乎无法继续前行时，是什么让你重新站起来？是那股从内心深处涌出的不屈不挠的力量，这就是你的超能力——抵抗挫折的能力。它可能不像电影中的超能力那样光芒四射，但它却是你人生旅途中最宝贵的财富之一。

抵抗挫折的能力，其实是我们内心深处的一种信念和毅力。它让我们相信，无论遭遇多少困难和挑战，只要我们不放弃，总会有克服它们的一天。这种力量，就像一盏明灯，照亮我们前行的道路，让我们在黑暗中也能找到方向。

（男孩）为什么我总是遇到这么多困难呢？

（女子）每个人都会遇到挫折，但重要的是你有抵抗挫折的能力。

心灵电台的小锦囊

如何培养和提升我们抵抗挫折的超能力呢？首先，我们需要正视挫折，不要害怕它，而是将其视为成长的机会。每一次的失败，都是我们学习的教材，通过反思和总结，我们可以找到失败的原因，从而避免再次犯错。

其次，当遇到困难和挑战时，不要轻易放弃，而是要坚持下去，直到找到解决问题的方法。记住，没有过不去的坎，只有放弃的人。

最后，积极的心态可以让我们看到问题的另一面，从而找到更多的可能性。当我们面对挫折时，不要过于悲观，而是要相信自己有能力去克服它。

回想一下那些历史上的伟人，他们哪一个不是经历了无数的挫折和困难，才最终走向了成功？他们的超能力就是抵抗挫折的能力，正是这种能力支撑他们闯过了一个又一个的难关，最终达到了人生的巅峰。

所以，不要低估自己内心的力量，每个人都有独特的超能力。当你遇到困难和挫折时，不妨静下心来，感受那股从内心深处涌出的力量，让它指引你走出困境，走向成功。记住，每个人都有超能力，只要你愿意去发掘和培养它，就一定能发挥出无穷的力量。

03 失败是我们成长的秘密武器！

来自小朋友的信：

亲爱的电台，我今天又失败了。我们学校组织了一次小型的科学实验比赛，我准备了好久，但还是在比赛时出了差错。我感觉好沮丧，为什么我明明已经这么努力了，却还是失败了呢？

不仅如此，上次学校举行的足球比赛，我们班级也输了。我踢得那么卖力，可还是没有帮助班级赢得比赛。比赛结束后，同学们跑过来安慰我，说："没关系，失败是成功之母。"但我心里还是很难受，失败真的是成功之母吗？为什么我总是觉得失败是那么可怕呢？

> 爱因斯坦先生，您是如何取得如此伟大的成就的呢？

心灵电台的回复：

小朋友，我能理解你现在的失落感。失败确实会给我们带来一些打击，但它也是我们成长的秘密武器哦！

想象一下，你是一个小小的探险家，正在一片未知的森林里探险。突然，你遇到了一个巨大的石头挡住了去路。这时，你有两个选择：

一是绕道而行，避开这个难题；二是试着去推开这块石头。

如果你选择了绕道，那你可能永远都不知道这块石头背后藏着什么宝藏。如果你勇敢地面对，并尝试去解决这个难题，即使你第一次、第二次都失败了，但每一次的尝试都会让你更接近成功。

所以，小朋友，不要把失败看作是可怕的东西。相反，你要把它当作是一次学习的机会，一个成长的契机。只要你勇敢地面对失败，并从中吸取教训，你就一定能够找到那个宝藏，成为更加优秀的自己！

年轻人，不要害怕失败。我也曾经历过许多失败，但正是这些失败引领我走向成功。

对！失败并不可怕，可怕的是失去再试一次的勇气。

🧚 **互动小游戏：失败宝藏岛**

关卡	任务描述	挑战内容	失败宝藏（奖励）
1			坚韧心态技能点
2			团队合作技能点
3			创新思维技能点

小提示：

请按照顺序填写自己需要挑战的关卡，每完成一个关卡的任务，即可获得对应的"失败宝藏"（奖励），即各种技能点。这些技能点代表了从失败中学到的经验和能力。

失败听起来好像有点儿可怕，但其实它里面藏着好多宝藏。每次失败，都像打开了一个宝箱，让我们学到更多的东西，发现自己哪方面还需要加油。我们每个人都会有摔跤的时候，但是没关系，因为每一次摔倒后，我们都会长出一点儿肌肉，让自己变得更强大哦！

如果我们一直赢，一直顺利，可能会变得骄傲自满，不再努力。这时候失败就会跳出来，提醒我们要继续前进，不要停下来。同时，失败还能让我们变得更坚强、更有毅力！面对失败，我们是选择逃跑还是勇敢地挑战它？勇敢的小朋友们会选择挑战，然后在挑战中变得更厉害！

失败也是个超棒的老师呢！当我们失败的时候，可能会有点儿难过，但是，换个角度想想，失败其实是给我们上了一堂生动的课，让我们学到更多！这样一来，我们就能更快地擦干眼泪，再次出发！

不只这些，当我们遇到失败时，就会动脑筋，思考新的方法。正是这种不断探索、不断创新的精神，让我们变得更加出色！

发明家都是在经过无数次的失败后，才最终取得了成功。比如，爱迪生在发明电灯之前，曾经尝试过上千种不同的材料作为灯丝，每一次失败都让他离成功更近一步。最终，他找到了合适的材料，发明了电灯，改变了人类的历史。

同样地，我们在日常生活中也会遇到各种各样的挑战和困难。每当我们遭遇失败时，不妨想想爱迪生等伟大人物的故事，我们也可以像他们一样，勇敢地面对失败，把它变成我们成长的秘密武器！

心灵电台的小锦囊

　　如何正确面对失败呢？首先，我们要接受失败的事实，不要逃避或否认它。只有正视失败，我们才能从中吸取教训和经验。其次，我们要保持积极的心态，相信自己有能力克服困难和挑战。最后，我们要勇于尝试新的方法和思路，不断创新和探索。

　　当我们面临失败的时候，可以向朋友们寻求帮助，大家一起解决问题。这样不仅能感受到朋友们的温暖和支持，还能学会更好地与人合作和相处。在团队合作中，一个人的失败也许会成为整个团队的成功契机，因为大家会共同分析问题，找出解决方案，最终取得更大的成就。

　　通过失败，我们还会更加珍惜成功。经历过失败后的成功，会让我们感到更加喜悦和自豪。我们会更加努力地保持和发扬这种成功的感觉，不断追求更高的目标。所以，小朋友们，失败并不可怕哦，当我们遭遇失败时要勇敢面对，并从中吸取经验和教训，让自己变得更加优秀和成熟！

　　当然，在失败后重新振作起来是非常重要的。以下是一些建议和方法，可以帮助大家重拾信心，继续前进：

　　1. 回顾失败的经历，理性地分析失败的原因。

　　失败的原因：

2. 设定可实现的小目标，逐步重建自信。

我的目标：

3. 制作思维导图，通过整理和表达思绪来培养逻辑思维能力。

思维导图：

4. 参与各种运动，如球类运动、游泳、攀爬等，以增强体质和抗压能力。

参与的运动：

04 激发内在动力，像引擎一样驱动自己！

🧚 来自小朋友的信：

亲爱的电台，最近，我参加了一次夏令营活动，遇到了很多有趣的小伙伴。我们每天在一起玩游戏、做手工，还学习了很多新知识。我发现，每当有新活动或新挑战时，我总是充满期待和兴奋，想要第一个尝试。

> 夏令营结束后，我就找不回那种热情和动力了。

> 宝贝，你为什么无精打采的？

但是，当夏令营结束后，我回到家中，这种兴奋的感觉就渐渐消失了。每天做作业和练习时，我总是提不起劲儿，感觉像是在完成任务，没有了之前的那种热情和动力。我真的很怀念在夏令营里的那种感觉，每天都充满活力和期待。我要怎样才能找回那种感觉呢？是不是只有在特定的环境和人群中，我才能找到那种动力呢？

🖊 心灵电台的回复：

小朋友，夏令营里的经历点燃了你内心的动力火花，这真的很棒！但动力并不只存在于特定的环境和人群中，你完全可以在日常生活中也找到它。

　　首先，你可以尝试将夏令营中的那种积极态度和探索精神带回家中。每当面对作业或练习时，想象自己是在夏令营中接受的每一个挑战。这样一来，你可能会发现原本枯燥的任务也变得有趣起来。

　　其次，你可以在家中设置一个"动力角落"，每当获得奖励时写下自己的心得体会。每当看到这些，你就会回想起那段美好的时光，从而激发出新的动力。只要你用心去寻找，就一定能在日常生活中也找到那份属于你的动力！

找回热情其实很简单！你只需要设定一些小目标，让每一天都充满挑战和期待。

对！我可以设定一些有趣的目标，就像在夏令营一样，让学习变得有趣起来！

互动小游戏：动力角落

日期	心得体会 / 励志语录 / 目标	完成情况（目标清单）

小提示：

1. 你可以根据需要添加更多的表格，以便记录更多的心得体会、励志语录或目标。

2. 在"完成情况"一列，如果是目标清单，可以标注目标的完成情况，例如"已完成""进行中"或"未开始"等。

3. 这个表格可以帮助你整理和记录自己的思考和目标，并追踪目标的完成情况。

每个人的内心都隐藏着一股巨大的能量，它就像一台强大的引擎，等待我们去启动，去释放那无尽的动力。这种动力不是来自外界的推动，而是源于我们内心深处的渴望和追求。当我们想要实现梦想时，就需要激发这种内在的动力，让它像引擎一样驱动我们不断前进。

有了这些内在的动力，我们就能够勇往直前，像引擎一样驱动自己前进。这种动力会让我们变得更加自律，更加努力地去追求梦想。因为我们知道，只有不断地努力，才能让自己的梦想成真。

心灵电台的小锦囊

自律性可以帮助我们更好地规划自己的时间，让每一分每一秒都发挥出最大的价值。那么，如何培养自律性呢？

首先，我们可以从制定计划开始。一个明确的计划能够让我们更加清晰地知道自己要做什么、怎么做以及何时完成。这样一来，我们就能够更加有条理地去实现自己的梦想。

其次，我们要学会抵制诱惑。在实现梦想的过程中，我们难免会遇到各种各样的诱惑和干扰。这时候，我们需要学会抵制这些诱惑，保持自己的专注力和决心。只有这样，我们才能够坚持不懈地追求自己的梦想。

最后，我们要学会反思和总结。在实现梦想的过程中，我们需要不断地反思自己的行为和做法，找出自己的不足和问题。同时，我们要及时总结经验教训，调整自己的策略和方法，让自己更加高效地实现梦想。

1.我抵制住诱惑啦（可以写下自己抵制住的诱惑，如没有看电视、没有吃零食等。）

2.我近期的反思（可以是学习上的，也可以是生活或社交中的反思，如和朋友闹矛盾了等。）

实现梦想并不是一件容易的事情，它需要我们付出艰辛的努力和汗水。但只要我们能够激发内在的动力、培养自律性并保持积极的心态，就一定能够勇往直前，让梦想成真！

05 设定目标，一起规划寻宝路线吧！

来自小朋友的信：

　　亲爱的电台，你好呀！最近，我总是在思考一个问题，为什么我们班级里的一些同学，比如班长和学习委员，他们总是能够出色地完成每一项任务？每次老师提问，他们都能迅速回答，而且答案还特别准确。课后，他们还有时间参加各种兴趣小组和社团活动，看起来总是那么充实和快乐。

　　而我呢？虽然也很努力，但总是感觉时间不够用。有时候，我为了赶作业而熬夜，导致第二天上课没精神；有时候，我因为课外活动太多而耽误了学习，成绩也逐渐下滑。我真的好困惑，不知道自己到底该怎么做才能像他们一样优秀。

　　心灵电台，我真的好想改变自己，变得更加优秀和自信。但是，我不知道该从哪里开始，该怎么做才能达到自己的目标。你能给我一些建议吗？我想听听你的看法，也许你能帮助我找到前进的方向。

真的吗？我也能变得像他们那样出色？

嘿，别只是羡慕他们啦！其实你也能做得很棒，关键是要学会如何高效地管理你的时间哦！

心灵电台的回复：

小朋友，你也可以尝试这样做。比如，你可以先列出近期想要实现的目标，无论是学业方面的还是娱乐方面的。之后，针对每个目标制定具体的计划，包括需要完成的任务、时间节点等。这样一来，你就能更加清晰地知道自己每天应该做什么，从而更加高效地利用时间。

我明白了，这样我就不会觉得时间不够用了。

看，这是为你定制的日程安排。每天分配一些时间来做作业，还要留出时间休息和参加你喜欢的活动。

当然，设定目标和制定计划只是第一步，更重要的是要坚持执行并不断调整优化。在执行过程中，你可能会遇到各种困难和挑战，但只要你保持积极的态度和坚定的决心，相信你一定能够克服这些困难，实现自己的目标。

互动小游戏：寻宝路线

步骤	任务	宝藏说明	完成情况
1	寻宝任务		□ 未完成 □ 已完成
2	优先级排序	紧急且重要： 重要不紧急： 紧急不重要：	□ 未完成 □ 已完成

如何帮孩子找到价值感

小提示：

你是否曾幻想过自己是一名勇敢的寻宝者，手持藏宝图，踏上一段充满未知与冒险的旅程？在现实生活中，虽然我们没有藏宝图，但我们可以设定自己的目标，规划一条通往成功的"寻宝路线"。

心灵电台的小锦囊

1. 使用 SMART 目标制定法

例如，如果你想学英语，可以设定一个具体的目标，如在三个月内记住 1000 个英语单词。

您设定的 SMART 目标是什么？

2. 分解目标为小步骤

你可以将三个月的目标分解为每月记住 300 个单词，再进一步分解为每周或者每天。

你如何将自己的长期目标分解为短期、可实现的小目标？

3. 建立日常习惯

例如，如果你想成为作家，可以养成每天写 500 字的习惯；如果你想学习新技能，可以每天留出固定时间进行学习。

为了实现目标，您打算养成哪些日常习惯？

4. 奖励自己

每当你达到一个小目标或完成一个阶段性任务时，给自己一点儿小奖励。奖励可以是看一场电影、买一件心仪的物品或享受一顿美食等。

当您达到小目标时，打算如何奖励自己？

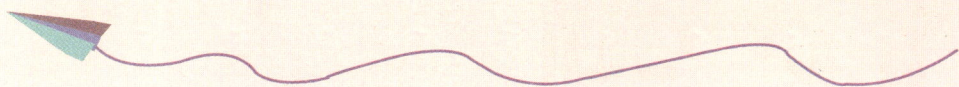

第四章

成长小天地——学习与生活的多彩

篇章

01 做一个有自主能力的 "小老师"

来自小朋友的信:

真美慕他们能够有条不紊地安排自己的生活。

吃完饭后写作业，然后和小伙伴一起打羽毛球。

亲爱的电台，我在学校里常看到那些能够独立完成任务，不需要老师或家长督促的同学，我就很羡慕。他们好像总是知道自己想要什么，也知道如何去实现。我也想成为那样的人，但有时候我会迷茫，像一只无头苍蝇，不知道该怎么做。

比如有一次，老师让我负责组织一次小组活动，我感到很紧张，怕自己做不好。虽然最后活动办得还算成功，但我总觉得是侥幸，并没有真正觉得自己有能力去承担这样的责任。

心灵电台的回复:

小朋友，在学校里，自主能力可以帮助我们更好地规划自己的学习和生活，知道自己想要什么，也知道如何去实现。比如，当你遇到困难时，不要立刻寻求答案，而是试着自己思考、尝试不同的方法。当你成功地解决了问题后，那种成就感会让你更加相信自己的能力。

此时的你，还需要培养自己的责任感，它是我们对自己、对他人、对社会的一种承诺和担当。就像探险中的每个成员，都有自己的任务和角色，需要共同协作才能到达目的地。在学校里，责任感可以让我们更加认真地对待自己的学习和任务，不推卸责任、不逃避问题。

还记得你负责组织那次小组活动吗？虽然当时的你感到紧张，但你还是勇敢地承担了这个责任。你和小伙伴们一起策划、准备，最终让活动取得了成功。这就是责任感的体现，也是你成长的一个重要时刻。

互动小游戏：我很独立

序号	任务/挑战	完成情况	你学到了什么？
1	自己整理床铺		
2	独立完成作业		
3	决定自己的衣服搭配		
4	参与家务劳动		

序号	任务 / 挑战	完成情况	你学到了什么?
5	在超市帮家里挑选商品		
6			
7			
8			
9			
10			

小提示:

　　根据自身情况填写任务,每完成一个任务,在"完成情况"一栏打钩,并在"你学到了什么?"一栏写下自己的感受。

　　简单来说,自主能力就是能够自己做决定,不依赖别人,像个小大人一样独立思考和行动。想象一下,当你遇到一个问题时,不是立刻跑去问爸爸妈妈或老师,而是先试着自己动脑筋,想办法。这样一来,你会逐渐学会如何找到问题的答案。

　　想要培养自主能力,我们可以从一些小事做起。比如,每天晚上睡觉前,你可以尝试自己整理床铺,而不是等妈妈来帮你。或者,在周末的时候,你可以自己决定去哪里玩,怎么安排时间,而不再依赖爸爸妈妈的安排。你会慢慢发现,自己变得越来越独立,越来越有自己的想法。

　　培养自主能力还有一个好处,就是能够让我们更加勇敢地面对挑战。当我们遇到困难时,自主能力能够让我们变得更加自信。我们会告诉自己:"没关系,我一定能够解决这个问题!"之后,勇敢地迈出一步又一步,直到成功!

心灵电台的小锦囊

什么是责任感呢？它就像是一颗小小的种子，种在我们的心里，让我们时刻牢记自己的责任和义务。有了责任感，我们就会更加认真地对待自己的学习和任务，不推卸责任，不逃避问题。比如，当你答应了朋友要一起完成作业，你就会尽全力去完成它，不让朋友失望。这样一来，你就会变得越来越可靠，越来越受人欢迎哦！

要培养责任感，我们也可以从一些细微的事情开始入手。比如，你可以在家里养一盆小植物，每天负责给它浇水、晒太阳。你不仅可以学会照顾小生命，还能体会到一种责任感带来的成就感。或者，在学校里，你可以主动承担起一些班级任务，比如擦黑板、打扫教室等。通过实际行动来展示自己的责任感，你会发现自己变得越来越重要，越来越有价值！

日期	天气	浇水情况	施肥情况	生长状态	备注
2024.5.20	晴	早上浇透	无	种子发芽	种子开始发芽

小朋友，你可以根据模板自己制作一个小植物观察日记，用于记录你种植的小植物的生长过程、状态变化等，可以培养我们的责任心哦。

02 发现自己的特别之处

来自小朋友的信：

亲爱的心灵电台，我发现每个人成长的节奏都不一样。比如，我的好朋友小华，她总是能迅速掌握新知识，而我则需要花更多的时间去理解。每当看到她轻松应对学业的样子，我就会想：是不是我成长得太慢了？

不仅如此，我们喜欢的东西也不一样。小华热爱音乐，每次学校有音乐活动，她总是积极参与，而我则对科学特别着迷，喜欢在实验室里探索未知的世界。有时候，我会担心自己的兴趣点是不是太冷门了，没有学习的价值。

最近，我又开始对编程产生了浓厚的兴趣，虽然它对于我来说是一个全新的领域，但我发现自己在编写代码时能找到一种独特的快乐。然而，当我尝试和朋友们分享我的新发现时，他们却不太感兴趣，甚

至有人觉得我在浪费时间。这让我开始怀疑，我的兴趣是不是真的没有意义？我是不是应该放弃自己的兴趣，去追随大众的步伐呢？

心灵电台的回复：

小朋友，每个人成长的节奏和兴趣点都是不一样的。小华成长得快，是因为她找到了适合自己的学习方法和节奏。虽然你需要更多的时间去理解和掌握知识，但这并不意味着你比她差。每个人都有自己的学习方式和速度，重要的是找到适合自己的节奏并坚持下去。

同样地，你喜欢科学，小华喜欢音乐，这都是你们各自的兴趣点。这些兴趣不仅让你们在闲暇时有了追求和乐趣，还能培养你们的特长和能力。不要怀疑自己的兴趣是否有价值，因为它们是你个性和才华的体现。

对于编程这个新兴趣，我建议你继续保持热情和探索精神。虽然它对于你来说可能是一个全新的领域，但正是这种挑战和未知，让你有机会发掘自己的潜力和可能性。与兴趣相投的朋友分享你的兴趣和发现，也许他们会因此被吸引，并一起加入你的探索之旅。

记住，成长的节奏和兴趣点因人而异，并没有固定的标准。不要

看，这是我最近新做的模型！

我一直喜欢这个模型，没想到你竟然做出来了！

盲目追随大众的步伐，而是要坚持自己的节奏和兴趣，相信自己的价值和能力。你会发现，每个人都有自己独特的魅力和光芒，世界因我们的多样性而更加精彩。

互动小游戏：探索自我

问题	我的答案	为什么？
1. 我最喜欢什么食物？		
2. 我最喜欢什么颜色？		
3. 我最喜欢的季节是什么？		
4. 我最喜欢的书籍或电影是什么？		
5. 我最喜欢的动物是什么？		
6. 我最喜欢的歌手是谁？		

小提示：

　　每个人的发展速度和方式都不同，有些同学可能早早地就长高了，像小树苗一样苗壮成长；有些同学可能还在慢慢地等待自己的成长时刻。就像小花开放的时间不一样，有的春天就绽放，有的要等到夏天才盛开。所以，我们不要着急，也不要和别人比较，每个人的成长节奏都是独特的，我们要耐心等待自己的成长时刻的到来。

心灵电台的小锦囊

　　每个人的价值观、生活经历和个性特点都不同，因此，我们对生活的需求和期望也各具特色。有些人可能更注重精神层面的满足，有些人则更看重物质生活的稳定。无论你的需求是什么，重要的是要认识和尊重它们，为自己创造一个符合个人需求的生活环境。此时，你是不是已经找到自己的特别之处了呢？

1. 当我有空闲时间时，我更喜欢＿＿＿＿＿＿的活动（室内／户外），这让我感到＿＿＿＿＿＿。

2. 在社交场合中，我倾向于＿＿＿＿＿＿（大型聚会／小型聚会），这样我感到＿＿＿＿＿＿。

3. 对于假期旅行，我更喜欢＿＿＿＿＿＿的地方（探险充满／休闲放松），这让我感觉＿＿＿＿＿＿。

4. 当选择居住地点时，我更倾向于＿＿＿＿＿＿的地区（繁华市区／郊区乡村），因为那里让我觉得＿＿＿＿＿＿。

5. 在工作／学习中，我更偏好＿＿＿＿＿＿的方式（团队合作／独立作业），这样我可以＿＿＿＿＿＿。

发现自己的特别之处，不仅仅是为了让我们更加了解自己，还能帮助我们更好地规划未来。比如，如果你发现自己特别喜欢画画并且画得非常好，那么将来你也许可以成为一名优秀的画家或者设计师哦！

最后，要记住，发现自己的特别之处是一个持续的过程。随着时间的变化，我们的兴趣、需求和价值观也可能会发生转变。因此，我们要保持开放的心态，不断探索和认识自己，让自己的生活更加丰富多彩。

03 和小伙伴们一起成长，更有自信！

来自小朋友的信：

亲爱的心灵电台，我最近和小伙伴们一起学习，发现学习变得好有趣哦，就像是在探险一样，每次都充满了挑战和惊喜。我们组了一个学习小分队，每个人都有自己的特长，遇到困难就一起想办法，大家齐心协力，真的超酷！每次找到答案的时候，我们都充满了自豪感。

除了学习，我们还一起做了很多好玩的事情。比如，我们做了科学小实验，看着实验成功的时候，真是太有成就感了！我们还去帮助了社区的爷爷奶奶，看着他们开心的样子，我也觉得自己做的事情特别有意义。

和小伙伴们在一起，我发现自己原来可以做好多事情。我开始尝试接触新的事物，挑战自己，每次成功都让我更加自信。原来，我真的很棒！

看，爷爷奶奶们多开心啊！我们这样做真的很有意义。

谢谢你们啊，你们真是好孩子。

心灵电台的回复：

小朋友，和小伙伴们在一起学习，不仅让你在知识上有所收获，更重要的是，它让你体验到了成长的乐趣和价值。在这个过程中，你们共同挑战自我，不断挖掘自己的潜力和价值，这种经历让你们变得更加勇敢和自信，你们学会了倾听、尊重、理解和支持彼此，这种友谊和团队合作的力量也让你们对未来的生活充满了期待和憧憬。

所以，亲爱的小朋友，请珍惜和小伙伴们在一起学习的时光，这段难忘的经历或许会成为你们人生中宝贵的回忆。相信在未来的旅程中，你们会继续保持这份热情和勇气，不断挑战自我，创造更加精彩的人生篇章！

真的吗？快说说看！

我昨天看到一只小狗，它的动作超级搞笑！

是不是小狗在跳舞啊？哈哈！

互动小游戏：你画我猜

快约上你的同学或者朋友们一起来玩这个小游戏，增进大家的感情。

回合	参与者	抽取的词卡	是否正确	得分
1		香蕉	是	1
2		篮球	否	0
3		雨伞	是	1

回合	参与者	抽取的词卡	是否正确	得分
4		恐龙	否	0
5		电脑	否	0

🔍 **小提示：**

1.将所有参与者分成若干小组，每组至少两人。

2.参与者从词卡堆中随机抽取一张词卡，根据词卡上的内容绘画，其他人不能看到词卡内容。

3.时间到后，参与者将画展示给同组的其他成员，其他成员需要通过绘画内容来猜测词卡上的词语。

4.每猜对一词，该组得一分。可设定多轮游戏，最终得分高者获胜。

和小伙伴一起学习，能让我们更加明确自己的目标。看着身边的朋友们都在努力进步，我们自然也不能落后呀！这种你追我赶的氛围，就像一场友谊赛。每当我们掌握了一个新知识，解决了一个难题，就会有一种成就感涌上心头，使我们在成长的道路上又向前迈进了一步。

每当我们成功解决一个问题，或者在团队中发挥了关键作用时，都会有一种自豪感油然而生。我们开始相信自己有能力面对任何挑战，也愿意为了更大的目标去奋斗。这种自信心的提升，不仅仅是在学习上有所体现，在日常生活中，我们也会变得更加自信、大方。我们敢于表达自己的想法，敢于尝试新事物，敢于面对未知的挑战。

和小伙伴一起学习，是不是一件超级棒的事呢？它不仅能让我们更快速地成长，也能让我们在成长的道路上更加自信、坚定，还能为我们未来的学习和生活打下坚实的基础。当我们长大后，回想起这些和朋友、同学们在一起学习的日子，一定会觉得非常温暖且有意义。

04 遇到了不友好的行为，应该怎么应对?

来自小朋友的信:

亲爱的电台，我最近在学校里遇到了一些让我很难过的事情。班里有个同学总是对我有些不友好。每次我路过他的座位，他都会故意嘲笑我，说我的衣服不好看，或者嘲笑我走路的样子。我感到非常尴尬和难过，因为我并没有做错什么。

有一次，在课间休息的时候，我和几个朋友在操场上玩球。他也加入进来，但没过多久，他就开始故意把球踢向我，还大声嘲笑我说:"你怎么这么笨，连球都接不住!"我当时真的觉得很难过，也很生气，但又不知道该怎么办。

我真的有那么差吗? 为什么总是针对我……

你总是笨手笨脚的，连球都接不住!

心灵电台的回复:

小朋友，在学习和生活中，我们不可避免地会与各种各样的人打交道，其中不乏那些可能因为各种原因而表现出不友好的人。这并不意味着你有什么问题或者不值得被尊重。重要的是，我们要学会如何正确地应对这些不友好的行为，保护自己的同时也保持内心的平和与自信。

你要明白，不友好的行为往往源于对方的问题，而不是你自身的过错。有时候，人们可能因为心情不佳、压力过大或者自身存在某些问题，而将这些负面情绪投射到他人身上。这并不是说我们应该容忍这种不友好的行为，而是要学会从另一个角度看待问题，理解对方可能正在经历一些困难。

不要因为这些不友好的行为而否定自己的价值。你是一个独特而有价值的个体，你的存在本身就是值得尊重和珍惜的。不要让别人的行为影响到你的自信和自尊，相信自己有能力应对这些挑战并从中成长。

互动小游戏：试着灵活应对

同学们可以记录和分析自己遇到的每一次不友好行为，能够逐步学习如何有效地应对这些挑战，并从中获得成长。

编号	事件描述	当时的感受	应对方式	结果反馈
01	课间休息时被同学嘲笑	难过、尴尬	保持冷静，尝试沟通	问题有所缓解

编号	事件描述	当时的感受	应对方式	结果反馈
02	在操场上被故意踢球并且受到嘲笑	生气	寻求老师帮助	问题得到妥善处理

🔍 小提示：

1. 简单描述发生的时间、地点、涉及的人物以及具体发生了什么事情。

2. 记录下遭遇不友好行为时的情绪，比如难过、生气或者尴尬等。

3. 选择采取的应对措施，比如保持冷静、尝试理解对方、沟通解决等。

4. 采取行动之后的结果，比如问题的解决程度、自我感受的变化等。

心灵电台的小锦囊

第一步：保持冷静

遇到不友好的行为时，最重要的是要保持冷静。不要被对方的情绪带动，也不要立刻反击。你要先深呼吸，提醒自己："这只是他的问题，不是我的。"这样可以帮助我们更好地控制自己的情绪，避免事态进一步恶化。

第二步：尝试理解

虽然对方的行为可能会让我们不舒服，但是试着从对方

的角度去理解他为什么会有这样的行为。也许他是遇到了什么困难，或者有什么不开心的事情。当然，这并不是说我们要为他的不友好行为找借口，而是要尝试去理解他。

第三步：沟通解决

如果可能的话，可以尝试和对方进行沟通，让他知道他的行为让你感到不舒服，并询问他是否有什么问题需要帮助。有时候，简单的几句话就能化解很多误会和矛盾。当然，在沟通的过程中，我们也要注意自己的语气和态度，避免引起对方的反感。

第四步：寻求帮助

如果我们觉得自己无法单独应对这种不友好的行为，或者对方的行为已经严重影响到了我们的生活和学习，那么我们可以寻求老师、家长或者其他可信赖之人的帮助。

第五步：学会自我保护

这不仅仅是指身体上的保护，更重要的是心理上的保护。不要让这些负面情绪影响到我们的生活。可以尝试一些放松的方法，比如听音乐、做运动或者和朋友聊天来转移注意力。同时，也要相信自己有能力应对这些困难，让自己变得更加强大。

第六步：反思与学习

每一次遇到不友好的行为，其实都是一个学习和成长的机会。在事情结束后，我们可以反思一下自己在应对过程中的表现，有哪些地方做得好，哪些地方还需要改进。这样，当我们再次遇到类似的情况时，就能更加从容地应对了。

05 课外活动，乐趣多多！

来自小朋友的信：

亲爱的电台，我一直觉得学校的课外活动特别吸引人。它们不仅让我有机会尝试许多课堂上学不到的东西，还能让我与来自不同班级、不同年级的同学们一起合作。这种团队合作的经历让我收获了很多知识和经验。心灵电台，你能告诉我课外活动中的团队合作对我们有哪些具体的好处吗？

> 肯定要选篮球社和科学俱乐部，我们都等了好久了！

> 我怎么选呢？好像都挺有趣的……

心灵电台的回复：

亲爱的小朋友，你提出的问题非常好！课外活动中的团队合作确实为我们带来了许多好处。

首先，团队合作让我们有机会与来自不同背景的同学进行交流和学习。通过与他们的合作，我们可以了解到不同的观点和想法，这种跨班级、跨年级的交流不仅让我们的人际关系更加丰富多彩，还培养

了我们的社交能力和沟通技巧。

　　其次，团队合作能够培养我们的责任感和集体荣誉感。在团队中，每个人都有自己的职责和任务。当我们为了共同的目标努力时，就会更加珍惜团队的成果，也更加愿意为团队的成功付出努力。这种责任感和集体荣誉感的培养对我们的成长非常重要，它们将激励我们在未来会更加积极地参与集体活动，为团队的成功贡献自己的力量。

　　此外，团队合作还能锻炼我们的协调和沟通能力。在合作过程中，我们需要与伙伴们共同商讨、分工合作，以确保任务的顺利完成。通过不断地实践和锻炼，我们的协调和沟通能力会得到提升，为未来的生活打下坚实的基础。

　　当我们与伙伴们共同努力、克服困难、最终取得成果时，那种共同奋斗的喜悦是无法用言语表达的。这种体验不仅让我们更加珍惜团队合作的机会，还让我们更加自信地面对任何挑战。希望你在未来的活动中能够继续积极参与团队合作，享受其中的乐趣和收获！

互动小游戏：我是社团达人

序号	课外活动	是否参加过?	我的感受
1	足球 / 篮球社	□ 是 □ 否	
2	手工制作社	□ 是 □ 否	
3	科学俱乐部	□ 是 □ 否	
4	戏剧社	□ 是 □ 否	
5	音乐团体	□ 是 □ 否	
6	辩论社	□ 是 □ 否	
7	烹饪社	□ 是 □ 否	
8	编程与机器人	□ 是 □ 否	
9	舞蹈社	□ 是 □ 否	
10	摄影社	□ 是 □ 否	

小提示：

1.学生可以在"是否参加过？"一栏勾选是或否，然后在"我的感受"一栏中写下自己对活动的回忆、体验和感想。

2.可以根据需要添加更多行，包含更多种类的活动，也可以根据学生的反馈进行调整。

3.这个活动记录表不仅能帮助学生反思自己的兴趣和经历，还能帮助他们规划未来可能想要尝试的新活动。

课外活动，它不仅代表着学校生活的延伸，更是我们探索未知、挑战自我、结交朋友的宝贵机会。想象一下，在紧张而忙碌的学习之余，我们能够投身于自己热爱的活动中，与志同道合的同学一起挥洒

汗水，分享欢笑，这是多么令人向往的生活啊！这些活动不仅让我们的业余生活更加丰富，还可以让我们在轻松愉快的氛围中释放学习压力，调整自己的心态。

心灵电台的小锦囊

试着尝试一次运动类的课外活动并写下感受：

试着参加一次艺术类的课外活动并写下感受：

试着参加一次科学类的课外活动并写下感受：

我在课外活动中交到的朋友：

课外活动让我们在参与的过程中学会了如何与他人合作、如何发掘自己的潜能和兴趣、如何成为一个更好的人。这些经历对于我们未来的发展和成长具有非常重要的意义。

第五章

在良好的家庭氛围中感受价值

　　在一个和谐的家庭环境中，亲人间充满尊重与理解，彼此的交流更显得自然而不造作。孩子在这样的环境下，不仅仅能感受到爱与温暖，更能在轻松中感受到自身的价值与潜能。

01 通过节日庆祝活动，了解不同文化的价值观

来自小朋友的信：

你好，我的心灵电台。一直以来我都有一个疑惑，为什么一到过节，我们就必须早早起床呢？而且还有那么多繁琐的仪式。

比如说春节，我家的清晨显得格外忙碌。天刚亮，我正在享受着假日慵懒的床上时光时，妈妈的声音准时响起："快起床了，小宝，今天可是大年初一啊！"我迷迷糊糊地揉着眼睛，心里却充满了不情愿。

> 我都没睡醒，为什么每次过节都要早起呢？

> 这是过节的仪式感，也是对文化的尊重哦。

我穿好新衣，揉着惺忪的眼睛走向厨房。妈妈正在准备早餐，爷爷奶奶也已经在客厅里坐着了。爷爷笑呵呵地说："小宝，快过来给爷爷奶奶拜年。"我勉强挤出一个笑容，走过去恭恭敬敬地说："爷爷奶奶，新年好！"

爷爷奶奶慈爱的目光让我心里暖洋洋的，但一想到自己被迫早起，还是忍不住抱怨起来。

心灵电台的回复：

亲爱的小朋友，长辈们告诉我们，新的一年要"早"字当头，早起意味着你能够抓住新一年的"早"，争取到更多的"好运"和"先机"。走亲戚、给长辈拜年，则代表了尊老爱幼、团圆和睦的中国传统美德。

那些看似繁琐的节日仪式，比如龙舞狮子、放鞭炮、贴对联等，每一个背后都有一定的寓意和深远的历史。比如说，放鞭炮能驱赶厄运，给家里带来新春的气息。

为了这样一整套"仪式"，家长们可能早早就开始忙碌起来。作为小朋友的你们，也被叫醒参与其中。其实，当我们穿梭于亲戚家中，叔叔阿姨满脸的笑意、一句句暖心的祝福是否也感染了你，让你感受到了春节的温暖和喜悦呢？

妈妈，为什么过春节有这么多繁琐的仪式呢？贴对联有什么用吗？

这是对新的一年美好的期盼和祝愿哦。

互动小游戏：食物的寓意

你知道吗？其实每一个节日都有自己的代表食物，有些食物还蕴含着美好的祝愿，比如鱼代表着年年有余，饺子形状像元宝，象征着财富。现在来动动小脑筋，看看你知道多少食物的寓意吧。

序号	节日	菜名	寓意
1	中秋节	月饼	
2	端午节	粽子	
3	清明节	青团	
4	元宵节	汤圆	
5	春节	春卷	
6	腊八节	腊八粥	

🔍 **小提示：**

这些美好的寓意，就是价值感的体现。价值感是通过这些有意义的活动和仪式让我们意识到，原来家庭的温暖、亲情的联系、年节的传统都是那么珍贵。

虽然在特殊的日子里，一整天的热闹可能让我们有些疲惫，但不妨试着换个角度去看这些节日的仪式。你会发现，它们是每个中国人都珍视的家国情怀与文化传承。至少在以后的日子里，当我们回忆起每一个红红火火的春节，脑海中浮现的，总是满满的幸福感。

🎺 **心灵电台的小锦囊**

节日不仅仅是一场更换日历的仪式，更是一个体验生活、感受文化、传承价值的时刻。有没有人想过，在节日中，我们可以通过一些有趣的游戏来感受到真正的价值感呢？今天就让我们一起来探讨一下吧！

比如，在端午节，我们可以尝试包粽子比赛，感受传统文化的乐趣和小吃的美味。这样的活动不仅可以增进亲子间的感情，还能让我们了解到端午节这一传统节日的文化内涵。

我得到的收获：

此外，在"我们的节日"主题活动中，也可以尝试一些有趣的游戏来感受节日的价值感。比如，组织一场民俗游戏比赛，让大家在游戏中领略传统文化的魅力；举办一场主题知识竞赛，让大家通过答题的方式了解更多关于节日的知识和传统。这样的游戏既能增加互动性，又能让大家在娱乐中学习，体验到节日的文化魅力。

我得到的收获：

在传统的文化节日中，我们可以通过特色游戏来体验价值感。比如，在"我们的节日·中秋"活动中，可以尝试进行花灯制作比赛，让大家在动手制作的过程中感受到传统手工艺的魅力和创造的乐趣；或者举办一场中秋赏月摄影比赛，让大家在观赏月亮的同时，用镜头记录下美好的瞬间。这样的活动不仅可以让人感受到节日的浪漫氛围，还可以增强大家对文化传统的认同和热爱。

我得到的收获：

所以，无论是传统节日还是现代社会产生的节日，通过参与有趣的节日游戏，我们都有机会体验到真正的"价值感"。让我们在游戏中感受到节日的快乐，品味文化的魅力，传承价值的力量，共同度过一个充满乐趣和意义的节日吧！

02 承担小主人的责任，分担家庭事务

来自小朋友的信：

你好，心灵电台。我的爸爸和妈妈平时都很忙，他们经常加班，回到家已经很晚了。我看到爸爸妈妈这么辛苦，便主动承担起一些力所能及的家务。我学会了整理自己的玩具，帮助妈妈叠衣服，甚至还学会了简单的煮饭。这些小小的行动不仅让爸爸妈妈感到很欣慰，也让我学会了承担家庭责任和独立。

但是，最近我遇到了一个邻居朋友的倾诉，在他的家里，爸爸和妈妈总是争吵不断，家里的氛围十分紧张压抑，这让我的朋友每天都忧心忡忡。他害怕爸爸妈妈的关系破裂，也难以承受家庭纷乱带来的负面情绪。

他渴望家庭里能够有更多的理解与包容，让家庭充满温馨和谐的氛围。我应该怎么做才能帮助他呢？

你有什么心事吗？看着不开心的样子。

我的爸爸妈妈又吵架了，家里一点儿快乐的氛围都没有。

心灵电台的回复：

小朋友，在家庭中，我们不仅是父母的宝贝，更是家庭的小主人。承担小主人的责任，分担爸爸妈妈的家庭事务，是每个孩子应该做的，这也是我们的价值感所在哦。通过这种互相理解和合作的方式，可以营造出快乐和谐的家庭氛围。

其实，小小的我们也能够在家庭中起到重要的作用。我们不仅可以承担一部分家务，同时也可以传递快乐和正能量。当父母之间互相理解，共同担当教育子女的责任时，家庭便能够创造出幸福美满的氛围。

因此，让我们学会承担责任，分担父母的家庭事务，共同营造快乐的家庭氛围是非常重要的。在这样的家庭环境下，我们的价值观会受到良好的影响，学会尊重他人，乐于助人，懂得责任与奉献。家庭氛围的重要性不言而喻，它深刻地塑造着我们的思维方式、情感表达和行为模式。

家里这么干净，是你打扫的吗？

我是这个家的小主人，当然要为你们分担家务呀。

互动小游戏：做家庭小主人

通过参与家务，能够培养我们的责任感、独立生活能力以及价值感。为了更好地参与家务并形成良好的家庭氛围，我们可以制定家务计划表，将家务分为不同的阶段，并做出合理的安排。

日期	家务项目	完成情况
星期日	定期整理自己房间	□ / ×
星期一	给花儿浇水	□ / ×
星期二	帮忙洗碗	□ / ×
星期三	拖地打扫	□ / ×
星期四	洗衣服	□ / ×
星期五	叠衣服	□ / ×
星期六	给爸爸妈妈做一道菜	□ / ×

小提示：

在"完成情况"一栏中，用"□"表示已完成，用"×"表示未完成。

小朋友可以开心地选择自己感兴趣的任务，并能够在规定的时间内完成任务，在这个过程中锻炼了自己的计划能力和时间管理能力。

每周，我们都可以和爸爸妈妈一起评估家务计划表的执行情况。他们通过检查任务完成的质量和效率来进行评估，并一起商讨如何改进。这个过程不仅加强了家庭的合作氛围，也让我们意识到自己的努力和付出是被重视和认可的。

心灵电台的小锦囊

爸爸妈妈是我们生活中最重要的人，他们的情绪会影响到整个家庭的氛围，那么我们应该如何让爸爸妈妈感受到良好的家庭氛围呢？

1. 相互关心和尊重

其实，不仅是爸爸妈妈关心我们，我们也可以关心和体谅爸爸妈妈。家庭成员之间互相尊重、和睦相处，在争吵时，能够以和解的态度化解矛盾，可以让家庭氛围变得更加融洽。

请在下面的空白处记录：

2. 创造温馨的家庭环境

家庭环境对家庭氛围的影响不可忽视。一个整洁、舒适的家庭环境可以让人感到放松和愉悦。试着在家中布置一些温馨的小饰品，比如柔和的灯光、温暖的毯子和绿植。这样的环境不仅让人感觉温暖，也可以提升整个家庭的幸福感。

请在下面的空白处记录：

3. 设定家庭传统和仪式

每个家庭都有自己的传统和仪式，这些传统和仪式是家庭成员共同的回忆和快乐的源泉。比如，每年的生日庆祝、节日的家庭聚餐，或是每周的家庭游戏夜。这些活动不仅让家庭生活更加丰富多彩，还能增强家庭成员之间的归属感。

请在下面的空白处记录：

　　家庭氛围的形成离不开每个家庭成员的努力。不论是父母还是孩子，都需要共同努力去维系家庭的温馨与和谐。小朋友们，尽管责任可能会让你觉得有些沉重，但当你看到爸爸妈妈因为你的付出而笑容满面的时候，你会发现一切都是值得的。

　　最后，想和大家分享的是，家庭氛围不仅能影响我们的情绪状态，还会影响我们的行为方式和与他人的关系。家庭是我们的港湾，每个人都有责任去营造一个和谐、快乐的家庭氛围。

03 支持孩子梦想，成为他们的"头号粉丝"

来自小朋友的信：

你好心灵电台，偷偷告诉你一个小秘密哦，我小时候是一个特别害羞并且缺乏自信的孩子。在学校里，我总是不敢和其他小朋友交流，害怕表达自己的想法，觉得自己并不重要，自己的声音也总是会被忽略，甚至有时候会觉得自己是个外星人。

但幸运的是，我有一个非常支持我的家庭。我的爸爸每天都会耐心倾听我的心声，无论是开心还是失落，他总是用特有的温柔和幽默让我感到轻松。妈妈也总是细心地照顾我，她每天为我准备可口的饭菜，用心倾听我在学校里的趣事和烦恼，给我出主意，教我如何面对和解决问题。

在爸爸妈妈的悉心陪伴和鼓励下，我逐渐建立了自信和自尊，开始意识到自己的潜力和价值。我开始勇敢地表达自己的观点，不再害怕与他人交流，并逐渐尝试参加各种活动。通过这些努力，我在学习和生活中都取得了显著的进步，越来越觉得生活更加丰富充实，自己也越来越快乐。

心灵电台的回复：

小朋友，很庆幸你在爸爸妈妈的支持下找到了价值感。你有没有感觉到，无论你走到哪里，爸爸妈妈的声音总像一盏永不熄灭的灯塔，照亮你的前行路？他们的支持不仅仅是物质上的，更多的是情感和精神上的一种激励。在我们的成长道路上，这种支持对建立自己的价值感有着无法估量的影响。

回忆一下，每当我们遇到困难或是挫折时，父母总是第一时间出现，他们的话语充满鼓励："你可以的，不要放弃！"他们的每一次拥抱，每一个眼神，都让我们感受到宁静的力量。

在追求梦想的道路上，他们是我们最坚实的后盾和无尽的动力。在我们的成长过程中，爸妈的支持更是帮助我们建立自信、发现自我的源泉。每一个家庭成员的陪伴和理解，都成为我们内心深处的动力，这股力量激励着我们去探索世界、探索自己。

> 加油！不要放弃，有爸爸妈妈做你坚强的后盾，我们永远支持你！

> 我觉得我不行，我肯定做不到。

互动小游戏：我值得

让我们通过一个简单有趣的互动小游戏来加深这种认识吧！游戏名为"我值得"，非常适合全家人一起参与。

生活场景	当我失败时	当我成功时	支持者的反馈
1	孩子考试考砸了	孩子考试取得第一名	
2	妈妈不小心盐放多了	妈妈做了一道很好吃的菜	
3	爸爸马虎忘记晾衣服了	爸爸完成了一个很难的手工	
4	孩子不小心打碎了花瓶	孩子主动打扫了卫生	

小提示：

游戏规则如下：

每个家庭成员轮流扮演"支持者"和"探索者"。探索者需要从一堆卡片中随机抽取一张，比如"当我失败时""当我成功时"等。

心灵电台的小锦囊

爸爸妈妈的支持也需要在教育方式上给予更多的关注。他们可以在家庭教育中尊重我们的选择，引导我们建立积极的人生观和世界观，帮助我们树立正确的人生目标。

请在空白处写下收获感悟：

通过与爸爸妈妈充分沟通，参与社交活动，寻求专业心理支持以及得到正确的教育指导，我们可以更好地感受爸爸妈妈的支持，获得更多的自我价值感。希望每位小朋友都能在爸爸妈妈的支持下茁壮成长，建立起积极的人生观和自我认知，迎接更美好的明天！

04 和爸爸妈妈的约会，让每个周末都充满期待

来自小朋友的信：

你好，亲爱的心灵电台，我想给你分享一件很有趣的事情。周末的亲子时光一直是我最期待的时刻，因为这是我与爸爸妈妈共同度过的宝贵时光。

有一次，我和爸爸妈妈去郊外的公园散步。在悠闲的环境里，我们开始了深入的交流。爸爸告诉我："不论什么时候，爸爸妈妈永远爱你，不会因为其他小朋友而减少对你的爱。"这句话让我感受到了家庭中父母对我的坚定支持和爱护，也让我有了更高的自我认知。

就在上次周末，妈妈带我参加了一场属于我们两人的亲子烹饪活动。营养师耐心地指导我们制作健康美食，我专注于面板上的食材，手忙脚乱却又觉得趣味十足，最后我和妈妈一起合作，共同完成了一道美味可口的菜。那一刻我瞬间明白了，这就是真实的生活，这就是我和妈妈的亲子时光应有的模样。

哇，妈妈，我们好厉害，做出了一道这么美味可口的菜。

这是我们共同合作的成果，因为有爱，所以更美味哦。

在和爸爸妈妈的约会中，我学会了倾听他们的教导，感受到了他们对我的关怀。我也逐渐明白了自己的责任和担当，提升了自己的自我认知和价值观。

心灵电台的回复：

很多小朋友觉得，爸爸妈妈每天都很忙，总是没有时间陪自己。实际上，每个孩子都是通过父母的"确认感"来衡量自己的价值。所以，当爸爸妈妈和我们在一起时，那种温暖和爱是无可替代的！亲子之间的情感沟通，更能让我们感受到父母对自己的爱，从而形成较高的自我价值感。

和爸爸妈妈在一起，孩子的那颗心会变得更有自信、更快乐，真是一件再美好不过的事情了！例如，参加学校的艺术节获得第一名后急着分享那份喜悦："妈妈，我艺术节得了第一名。"这时候，得到父母的认同和赞扬会让我们觉得无比自豪。

爸爸妈妈，我今天感到很开心，因为和你们约会很有趣。

真的吗？那我们要经常约会哦。

通过亲子时光，爸爸妈妈总会在小细节中传递爱和关怀，让我们感受到家庭的温暖。在和爸爸妈妈一起度过的每一个周末，我们都会从中汲取了力量，建立了自信，提升了自己的人生价值感。这种亲子关系的建立，不仅让我们更加热爱家庭，也让我们更清晰地认识到自己的使命和责任。

互动小游戏：捕捉价值感

周末到了，是时候和爸爸妈妈一起享受亲子时光啦！想要创造美好回忆又不知道从何着手？ No worries！让我们来完成一个简单有趣的互动小游戏，点燃家庭乐趣吧！

我们可以尝试一场"价值感捕捉游戏"。在这场游戏中，我们需要一点儿小小的观察力和洞察力。在和爸爸妈妈散步的过程中，看看能否发现街上或者公园里的各种标志牌、招牌、广告、交通标志中所蕴含的正能量和价值感。描绘出你眼中那些代表幸福、友爱、关怀、希望、平安的标志，和爸爸妈妈一同分享你的发现，看看他们眼中都有哪些不一样的诠释。

序号	观察物品	标语内容	你的发现和感悟	爸爸妈妈的诠释
1	标志牌			
2	招牌名字			
3	街道名字			
4	广告牌			
5	交通标志			

在周末和爸爸妈妈约会的过程中，你会发现父母是我们最坚实的后盾，也是我成长路上最重要的导师。他们的爱和支持，让我们在亲子时光中建立起坚定的自我认知和人生目标。

珍惜与爸爸妈妈共度的每一刻吧，让我们共同享受这段美好的时间，让我们的亲子时光充满价值感，让我们的亲子时光成为醇酿的美酒，无论何时回味都甘甜可人。

心灵电台的小锦囊

周末到啦！这个时候，爸爸妈妈总是最期待和你一起度过美好的时光，一起建立亲密的关系哦！想知道如何和爸爸妈妈约会，提升彼此的价值感吗？来看看下面这些小窍门吧！

首先，悠闲的周末早晨，不妨跟着爸爸妈妈去户外感受大自然的美好吧！一起走进大自然的怀抱，呼吸新鲜空气，或是找个风和日丽的地方野餐，享受温暖的阳光和软软的草地，真是惬意至极。

请在空白处写下完成情况：

其次，不妨考虑参与一些寓教于乐的活动。比如，看看附近有没有什么亲子工作坊或者手工课程，和爸爸妈妈一起动手制作些小玩意儿，比如环保手工、烹饪小点心，或是建造一个小小的科学实验。

请在空白处写下完成情况：

如果你对历史或者科学感兴趣，就在周末安排一场博物馆之旅吧！许多城市的博物馆都会有针对儿童的互动展览，让孩子们在游戏中学习，既有趣又充满意义。

05 一起动脑筋，想出创意十足的家庭活动

来自小朋友的信：

你好心灵电台，告诉你一件有趣的事。一天晚餐后，我看着家人们都在埋头看各自的手机和电脑，我突发奇想，为何不抛开这些电子产品，和家人一起做些不一样的事情呢？这个念头一出，我立即提议家里的每个人开动脑筋，想出一个既有趣又能促进家庭成员互动的活动。刚开始，爸爸妈妈似乎有些茫然，但很快我们的家便充满了讨论和笑声。

经过一番头脑风暴，我们决定制作一个家庭手工艺品。每个人都需贡献至少一个创意，不管是材料选择、设计思路还是制作技巧，每个人的建议都被认真考虑。在这个过程中，我们不仅动脑筋去思考、去创造，还了解到每个家庭成员的独特想法。

我们选择了制作一个家庭记忆盒。这个记忆盒里装着我们每个人手写的字条，记述着对方在过去一年里做过的令人感动的事情，还有每个人的未来愿景和对家庭的期待。这个活动不仅让我们的晚上变得特别温馨，也让我们每个人都深刻体会到了家庭的价值和亲情的重要。

等三个月后，我们再打开这个盒子，看看我们的愿望都实现没有。

真是期待呢！

心灵电台的回复：

在喧嚣忙碌的都市节奏中，多数家庭陷入了日复一日的生活模式。家庭成员或忙于工作，或沉迷于各自的电子世界，彼此交流和互动日渐减少。就像生物为了在漫长的进化中生存下来而必须掌握能量消耗最小化原则那样，家庭也需要找到燃起无限活力的能量。

在家庭里，我们需要经常参与各种各样的活动，比如一起看电影、一起做饭、一起出游等。但是，在这些活动中，我们是否真的关注到了价值感呢？家庭活动不仅可以增加家庭成员之间的互动和交流，更能够提升家庭成员的价值感和幸福感。在参与中充实自我、实践自我，体验无法替代的家庭温暖！

家庭活动中充满着无限的创意和想象力，无论是DIY手工、户外郊游、亲子厨艺比拼还是家庭小剧场，都是燃起家庭活力的不二选择！赶快召唤全家人一起参与吧！

互动小游戏：

以家庭活动为切入点，我们需要搭建一个平台，让每一个家庭成员都有机会动脑筋。叫上爸爸妈妈，一起来完成家庭活动卡吧。

序号	活动名称	活动内容	打卡情况	活动感悟
1	家庭DIY手工艺	利用家中的废旧物品，动动脑筋，一起设计和制作家庭装饰品或小玩意儿。可以是回收旧衣服制作成风格迥异的抱枕，或是将空饮料瓶装饰成可爱的小花盆	□ / ×	
2	家庭智力挑战	可以一起玩些解密游戏或者设计家庭版的密室逃脱，通过线索串联起一个个有趣的家庭故事	□ / ×	
3	家庭科学实验	网络上有许多简单安全的小实验，如自制火山爆发、魔法水彩画等，既能激发孩子对科学的兴趣，也让家人一起学习基础科学知识	□ / ×	
4	家庭园艺	无论是阳台小花园还是后院的一片土地，一起种植花草蔬菜，不仅能让家人享受园艺带来的乐趣，更重要的是在这个过程中向孩子传达生命成长的价值感，让他们懂得耐心与责任	□ / ×	

🔍 小提示：

　　家庭，是我们成长的摇篮。在这个温馨的小团体中，我们要学习与人交往的最初规则，在亲情的滋润下成长。对于我们而言，家庭不仅仅是一个供他们生活的场所，更是我们获得价值感的重要源泉。

　　总之，家庭活动的创意并不局限于材料的多寡或费用的高低，关键在于家人之间共同动脑筋、共同参与的过程。通过一起设计和实践，不

仅能让彼此的关系更加紧密，还能让每个人的创造力和想象力得到极大的发挥。让我们一起动起来，为家庭生活增添更多的色彩和乐趣吧。

心灵电台的小锦囊

家庭是生活的港湾，也是乐趣的源泉。你是否已经厌倦了一成不变的家庭活动？是否在寻找一些新奇有趣，能够让全家人都开心参与的好点子？下面为大家介绍几个创意十足的家庭活动，保证让你的家庭生活充满欢笑和惊喜！

首先，家庭照不仅是记录美好时光的方式，还可以成为一份特殊的回忆。让我们迈出传统的框框，尝试一些新奇的拍摄主题或方式吧！比如，选择一个特别的地点，如家附近的老式街区或自然风光旖旎的公园；或者尝试不同的装扮风格，比如复古风、动漫角色扮演等，让每个家庭成员都能展现出不同的风采。记得，最重要的是全家人在拍摄过程中的快乐和互动。

请在空白处写下你的活动收获：

其次，为什么不把家变成小型游乐场呢？在家庭活动空间可能有限的情况下，我们可以创造性地利用家中的物品。比如，用厚重的书本和坚固的板材搭建一个小型的障碍跑道；或者在客厅的地板上用胶带贴出跳房子的格子，家长和孩子们可以一起享受这些简单但富有创意的游戏。

请在空白处写下你的活动收获：

再次，家庭节日庆典也是创意活动的好机会。比如，在春节期间，父母可以带我们学习中国传统文化，如剪纸、书法，甚至是制作春节特有的美食。通过这些活动，不仅能增加节日的气氛，还能让我们对自己国家的文化有更深的认识。

请在空白处写下你的活动收获：

最后，让我们开展一次家庭亲情赛吧！可以是小型的运动会，也可以是智力游戏比赛，关键在于参与和互动。比如，家里可以举行一个小型的乒乓球赛，或者是答题游戏，大家在轻松愉快的氛围中增进彼此的感情。

请在空白处写下你的活动收获：

创意十足的家庭活动，不仅能让家庭生活变得更加丰富多彩，更能增进家庭成员之间的感情，让每个人都能在家中找到属于自己的快乐。所以，赶紧试试这些活动吧，让我们的家庭生活因创意而精彩！

第六章

让良好沟通成为提升价值的催化剂

在家庭之中，健康的沟通是架构和谐关系的基石。通过建立有效的对话桥梁，我们可以增进了解，消除矛盾，以爱为焦点，让良好沟通成为提升价值的催化剂。

01 学会正面沟通的小秘诀

来自小朋友的信:

你好心灵电台,给你分享一件让我很意外的事。有一天晚餐后,我鼓起勇气,先是表达了对父母的感激,然后才提出了自己的想法。我说:"爸爸妈妈,我一直以来都很感激你们为我做的一切。最近,我一直希望能有一个游戏机,让我的暑假生活更加丰富多彩。但我也知道,你们可能会担心我会沉迷于游戏,影响学习。我想听听你们的看法。"

> 爸爸妈妈,我可以拥有一个游戏机吗?我保证不会因为游戏影响学习的。

> 爸爸妈妈相信你能平衡好学习和游戏,我们一会儿就去看游戏机。

爸爸妈妈一开始确实有些担忧,但他们也注意到了我成熟的沟通方式。经过讨论,我和爸爸妈妈一起设置了一些规则,比如游戏时间的限制,以及首先确保完成学习任务等。我还主动提出,如果我未能遵守这些规则,我会接受游戏机被暂时收回的后果。

这次的经历让我意识到,与父母进行正面沟通,并不是要避开分歧点,而是在学会表达自己的需求的同时理解父母的顾虑。在此基础上,通过找到双方都能接受的解决方案,来实现双赢。

心灵电台的回复：

亲爱的小朋友，大胆地和爸爸妈妈说出自己的真实想法，并没有想象中那么困难。爸爸妈妈是我们成长道路上最重要的人，学会和爸爸妈妈正面沟通对我们的成长至关重要。要想建立积极的亲子关系，必须学会正面沟通的技巧。在这个过程中，我们可以从《小猪佩奇》中得到启发，那里的猪爸爸、猪妈妈总是以正面的沟通方式引导孩子，促进了孩子的成长。

> 宝贝，你有什么想法要大胆说出来，只有正面沟通，妈妈才会更了解你的内心哦。

> 知道了妈妈，我会勇敢表达自己的！

了解自己的身份和价值感是学会正面沟通的第一步，我们需要清楚地知道自己需要什么、关心什么、喜欢什么、不喜欢什么。只有找到了自己的内心需要，我们才能更好地与爸爸妈妈进行沟通，表达自己的需求和想法。培养自信、学会体谅和包容、提高沟通交往能力都是值得我们努力去做的事情。

互动小游戏：心情小日记

其实，我们可以通过制定一些互动小游戏，来增进和爸爸妈妈的沟通。比如，我们可以一起制作一个"心情小日记"，每天都记录下自己当天的心情，并且让爸爸妈妈了解你内心最想要的东西。这样一来，他们就更容易理解你的需求啦！

日期	心情记录	事件/原因	爸爸妈妈的建议和鼓励
星期一			
星期二			
星期三			
星期四			
星期五			
星期六			
星期日			

小提示：

通过这个小游戏，相信你一定能够更加轻松地和爸爸妈妈进行正面的沟通，建立更加和谐的亲子关系。

记住，适当的赞美和鼓励是非常重要的。无论是爸爸妈妈的工作成绩还是你的学习表现，都可以通过正面的话语来加以赞扬。爸爸妈妈在得到鼓励后，内心会变得更加自信，这样更容易展开和你的深入交流啦！

你在成长的过程中，拥有自己的独立思考和表达意见的权利，通过和爸爸妈妈的正面沟通，你可以更好地展现自己，也能更好地理解彼此。希望这些小游戏对你有所帮助，祝你和爸爸妈妈之间的交流变得更加愉快！

心灵电台的小锦囊

与父母沟通，特别是在青春期，可能会变成一场"拉锯战"。但别担心，今天我就来分享一些实用的小秘诀，让你轻松与父母交流！

1. 倾听也是沟通的一部分

很多人在沟通时，总是迫不及待地表达自己的想法，而忽略了倾听。试着静下心来听听父母的意见，可能会发现他们的观点也有合理之处。

我的试验效果：

2. 选择合适的时机

不要在父母忙碌或情绪不佳时提起重要话题。选择一个大家都比较放松的时间，比如晚饭后，气氛轻松，讨论效果会更好。

我的试验效果：

3. 用"我"来表达，而不是"你"

例如，与其说"你总是不了解我"，不如说"我觉得我没有被理解"。这样更能避免引起防卫情绪，使对话更加顺畅。

我的试验效果：

02 不要吝啬表达爱和感激

来自小朋友的信：

你好心灵电台，我想给大家分享一个向爸爸妈妈表达爱和感激的故事，因为他们的开心让我感到很难忘。

小时候，我总是觉得向爸爸妈妈表达感激和爱意有点儿尴尬，但后来我慢慢明白，他们其实也需要被感受到爱和感激。比如，每当我在学校取得进步，妈妈总是会给我一个温柔的微笑，爸爸也会默默地给予我最真诚的祝福。他们都是不太会表达情感的人，可是我深深感受到了他们的爱。把爱和感激表达出来，对他们具有十分重要的意义。

在感恩节这个适合表达爱的节日，我精心选购了一份礼物，并亲手准备了一份诚意满满的惊喜。当我将礼物送给爸爸妈妈，并向他们真心地道出："谢谢你们的辛勤付出，我深爱着你们！"时，他们的惊喜与快乐超乎我想象，妈妈甚至感动地说：此时的她感受到了无比的幸福。

爸爸妈妈，这是我给你们准备的感恩节礼物。

谢谢宝贝的礼物，妈妈好感动哦！

心灵电台的回复：

爸爸妈妈就像是一对不会说话的天使，一直默默地守护着我们，从不求回报。可是，在日常生活中，我们往往忽略了对父母的爱和感激。不要吝啬表达爱和感激，因为这些感受会让他们的生活更温暖。

大方地表达我们的爱意，就像给手机充电一样，让爸爸妈妈的心也充上满满的电量！对于一些青少年来说，有时候我们会偏偏对爸爸妈妈藏着掖着，连一句"爸爸妈妈，谢谢你们"也说不出口。其实每个人的内心深处都渴望被爱和被肯定，爸爸妈妈也一样哦。

对于爱的表达，有的人习惯用轻松幽默的方式，有的则倾向于用行动来表达。无论是哪种方式，都要让对方感受到你的爱和感激。如果我们采用对的方式去表达爱，那将会是对爸爸妈妈最好的礼物。

> 妈妈，我爱你，有你陪着我，我感到很幸福。

> 妈妈也爱你，感谢你给我带来了这么多快乐！

互动小游戏：

有时候，向爸妈表达我们的爱和感激可能会觉得有点儿尴尬或者难为情。毕竟我们的日常交流更多是围绕着吃饭、学习和日常琐事展开。但是，别担心！这里有几个有趣的互动小游戏，不仅可以拉近你和爸妈的关系，还能让他们真切地感受到你的爱意和感激之情。

序号	游戏名称	游戏内容	游戏感悟记录
1	感恩便签墙	准备一些彩色便签纸和一面空白的墙，邀请家里的每个成员在便签纸上写下对彼此的感激之情，然后贴在墙上。每天抽出时间来阅读这些便签，温暖的话语一定能让家里的氛围变得更好	
2	爱的回忆拼图	选择几张全家福照片，把它们剪成拼图块，然后和爸妈一起拼接这些碎片。在拼图的过程中，你们可以聊聊这些照片背后的故事，分享彼此的感受和回忆。完成拼图后，还可以把它装裱起来，成为家里的新装饰	
3	感恩信写作	有时候，书面表达可以更加深刻和真诚。找一个安静的时间，写一封信给爸妈，详细表达你对他们的爱和感激。这封信可以在特殊的节日或平常的一天悄悄地放在他们的枕头边，相信他们会感动	
4	爱心早餐	在一个普通的早晨，早起为爸妈准备一顿丰盛的爱心早餐。不需要太复杂的料理，简单的煎蛋、吐司和果汁，再配上你亲手写的小卡片，就能让他们感受到满满的爱意和感激。这个小小的惊喜一定会让他们的一天充满阳光	
5	感谢之树	在家里的一角放置一棵"感谢之树"，每当你们有感激之情时，就在纸片上写下感谢的话语挂在树上。看着这棵树一点点长满感恩的话语，不仅装饰了家，也让每个成员时刻感受到彼此的爱和关怀	

小提示：

　　这些小游戏不仅是表达感激的方式，更是与爸爸妈妈互动、创造美好回忆的机会。让我们从现在开始，勇敢地向他们表达爱和感激吧！

　　爸爸妈妈的爱是无价的，他们的付出值得我们用心去回报。别忘了，不管什么时候，真诚的表达永远都是最有效的。不要吝啬你的爱和感激，因为这些反而会让你们的家庭关系更加紧密。让他们知道你一直在关心他们、珍惜他们。希望这些小小的建议能帮助你在日常生活中更好地表达对父母的爱，让你们的家庭更加温暖和谐。

心灵电台的小锦囊

　　我们常说，父母的爱是无私的、伟大的，但在生活中，我们往往羞于表达自己对他们的爱和感激。其实，向父母表达爱和感激不仅能增进家庭关系，还能让自己和父母都感到温暖和幸福。下面分享一些实用的小锦囊，帮助大家更好地表达对爸爸妈妈的爱和感激。

　　1. 别吝啬你的感激之情

　　很多时候，我们习惯了父母的付出，却忘记了表达感激。试着在日常生活中多说几句"谢谢"吧！比如："谢谢妈妈每天给我做早餐，真的很美味！""爸爸，谢谢你帮我修理自行车，让我安心上学。"

　　记录你的体验感悟：

2. 陪伴是最好的礼物

有时候，陪伴就是最好的表达方式。周末放下手机，陪爸爸妈妈散步、做饭、看电影等。这些看似平凡的时光，其实最珍贵。

记录你的体验感悟：

3. 特别的惊喜

在父母的生日或纪念日，为他们准备一个小小的惊喜。可以是自己亲手做的蛋糕，一顿丰盛的晚餐，或者是一段感人的视频集锦，让他们在特别的日子里感受到你满满的心意。

记录你的体验感悟：

4. 每天一个拥抱

拥抱是表达爱意最直接、最温暖的方式。每天给爸爸妈妈一个大大的拥抱，说一句"我爱你"，不需要任何理由，只因为你们是彼此最重要的人。

记录你的体验感悟：

总结来说，向父母表达爱和感激其实并不难，关键是要用心去做，用真情去表达。希望这些小锦囊能帮助你更好地向爸爸妈妈传递爱和感激，让他们感受到你的关心和温暖。记住，爱是需要表达的，不要吝啬你的爱和感激之情哦！

03 别说伤人的话，朝着积极的方向沟通

来自小朋友的信：

你好心灵电台，我想给你倾诉一件很后悔的事。在一个周末的下午，我和爸爸一起做家务。突然，我说了一句让自己感到后悔的话："你这样做太笨了！"话一出口，爸爸的笑容立刻凝固了。我立刻意识到，我的话有多么伤人。

那一刻，爸爸没有生气，也没有反驳。他只是静静地继续做他的事，但沉默中的失落感让空气都凝重起来。我心里像压了块大石头，难受极了。

刚才我凶了爸爸，是不是让他伤心了？

心灵电台的回复：

爸爸妈妈作为我们成长道路上最重要的人，承载着无尽的爱和期待。然而，有时我们在与父母交流时可能会说出伤人的话，这种行为

不仅会伤害他们的感情，也会对我们的成长产生负面影响。

没关系，只要你以后温柔一点就好啦。

对不起爸爸，我不应该对您说伤人的话，您平时都对我很耐心的。

与爸爸妈妈进行积极沟通是至关重要的，通过沟通，我们可以更好地理解彼此，表达自己的想法和感受，解决存在的问题。沟通不仅能够促进亲子关系的和睦，也能帮助我们树立正确的世界观和价值观，促进个人成长。

我想说，亲爱的你，如果你不小心伤害了你爱的人，不妨用你的行动去弥补，一句真心的"对不起"，一个小小的努力，就能让爱回到原点。让我们都成为一个更懂得珍惜和表达的人吧！

互动小游戏：

在家里，我们常常发现和爸爸妈妈的沟通变成了例行公事，谈话内容重复且无趣。要改变这种局面，其实可以通过一些简单又有趣的小游戏，让每一次的交流都充满惊喜和乐趣！

序号	游戏名称	游戏内容	游戏感悟记录
1	表情包大战	在这个游戏中，每个家庭成员需要选择一个表情包来描述自己一天的心情	
2	家庭新闻台	每个人都需要扮演一个新闻主播，报道一件家里最近发生的大事或小事	
3	角色互换	孩子和父母暂时交换角色，扮演对方一天	

🔍 **小提示：**

沟通不仅是传递信息的过程，更是建立信任和理解的桥梁。我们需要学会在与父母的交流中保持耐心和温柔，以积极的方式表达我们的想法和感受。通过积极的沟通，不仅可以减少误解和冲突，还可以增强家庭的凝聚力，让每一个家庭成员都感受到温暖和爱。

🔔 心灵电台的小锦囊

作为年轻一代，我们有时会因一时的情绪失控，对父母说出伤人的话。这种行为不仅伤害了他们的心，也让他们对我们的关心蒙上一层阴影。那么怎样才能避免伤害，和爸妈更好地沟通呢？

1. 用"我感觉"开头：当你和爸妈意见相左时，试着用"我感觉"而不是"你总是"开始你的句子。比如，"我感觉很沮丧，当你……"这样可以减少对对方的指责。

2. 求同存异：和爸爸妈妈完全一致的看法是不太可能的。我们可以寻找共同点，其他的则可以学会尊重和接受。

3. 保持冷静：当我们感到生气或不满时，可以尝试深呼吸，暂时离开冲突的现场，给自己和父母一些冷静的时间。

4. 用爱来说话：即使你觉得爸妈很烦，也请记得，他们是爱你的。所以，当说话时，用温柔的语调和肢体语言。

小朋友们，沟通是一门艺术。下一次当你和爸妈有冲突时，不妨试试上面的方法，说不定会有意想不到的效果哦！

04 感到迷茫时，爸爸妈妈就是我的导师

来自小朋友的信：

我从小热衷于歌唱，在入选学校的唱歌表演队伍时，我的妈妈始终全力支持我，毫不犹豫地支付了参赛费用，并亲切地鼓励我："我相信你可以成功，加油，我的孩子！"我决心不辜负她的期望，开始努力练习。在练习过程中，母亲总会备好水，认真地聆听我的歌唱。她会仔细地提出建议，期待我不断提高。

> 我相信你一定能做好，只要你努力了，结果并不重要。

> 妈妈，我真的能做到吗？如果我比赛失败了怎么办？

在我获得成功并站上舞台时，妈妈甘愿成为背后温暖的阳光。面临困境时，她凭借坚定的言语让我找回信心。在无助的时刻，她会给我一个充满关爱的拥抱，带来希望的曙光。正是母亲的耐心和坚定，我才能在这条音乐道路上不断前进。母亲不仅是我的无比伟大的母亲，更是我永远感激的人生导师。

心灵电台的回复：

在成长过程中，我们难免会遇到迷茫的时刻，不知道该如何前行。

这时，爸爸妈妈往往是我们最好的导师和指引。他们在我们感到困惑时，总是能够给予关键的指导和帮助，让我们重拾信心、坚定前行的步伐。

爸爸妈妈是我们的榜样和引导者，他们的言传身教成为我们成长道路上的指路明灯，给予我们力量和信心。不论面对学业压力、人际关系纠葛还是人生抉择，爸爸妈妈都是我们最值得信赖的导师。他们以亲身经历和经验为我们提供坚定的支持与建议，让我们更加明晰自己的方向。

> 我曾经也和你一样不知所措，这些都是经验的积累哦。

> 爸爸，您太厉害了！多亏您的指导，我才能做出正确的选择。

互动小游戏：大胆地说出烦恼

有时候，当我们遇到一些难题时，不妨和爸爸妈妈来一场别开生面的互动小游戏。通过游戏，说出我们的烦恼，并在与爸妈的互动中，使其得到化解。

序号	你的困难、烦恼	爸爸妈妈的建议	你受到的启发
1			
2			
3			
……			

小提示：

在这个游戏中，我们可以向爸爸妈妈提出各种问题，也许是关于将来的选择，也许是关于人际关系的困扰，总之，尽管是小小的一场游戏，但也可以为我们的成长带来意想不到的收获。

心灵电台的小锦囊

当你感到困惑时，试着跟爸爸妈妈坦诚相见吧！告诉他们你遇到的问题，向他们道出你的内心疑虑。也许他们会给你一些意想不到的建议，帮你理清思路，找到解决问题的好办法。那么，我们该怎么向爸爸妈妈请教呢？

首先，不妨先明确自己需要给爸爸妈妈的信息。比如，是需要他们的建议？还是只需要倾听？确定好自己的目的会更有助于有效沟通。

其次，在选择时机上也要留意。不要在父母忙碌焦虑的时候问问题，这会让他们没有耐心回答你的问题。可以在吃饭、散步或者是平时比较轻松的时刻跟他们诉说自己的烦恼。

最后，不要忽视价值观的指导作用。有时迷茫是由于自己对于未来的期许和现实差距太大，这时可以与爸爸妈妈讨论一下彼此的看法，或许会有一些不同角度的启发。

要记住，爸爸妈妈是最爱你的人，他们会为了你的成长和幸福而倾尽全力。与他们沟通，可以让你更加坚定地走过人生的每一个难关。